JN274471

図 5.1 (p.58) の補足説明

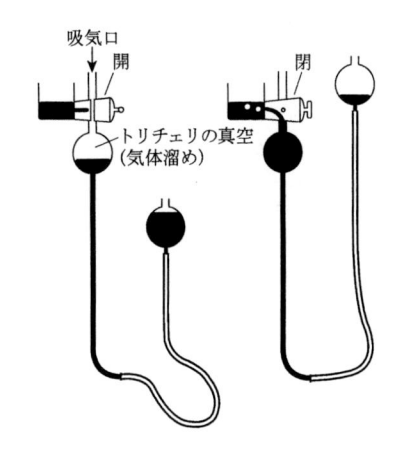

排気操作:
1) コックを開ける
2) 水銀溜めを下げて,気体溜めにトリチェリの真空を作る
3) コックを閉じる
4) 水銀溜めを上げて,気体を大気中に押し出す

図 5.1　ガイスラー・ポンプの模式図

「真空技術 発展の途を探る」正誤表

頁	行	誤	正
p.10	下から2行目	主席	出席
p.41	8行目	給介	紹介
p.45	図 3.1	E:白金線 (0.07mmφ×	E:白金線 (0.076mmφ×
p.54	表 4.1	(25℃, 外挿値)	(25℃, 計算値)
p.66	下から2行目	H系	VHV系
p.72	9行目	(ガラス製のため…)	(硬質ガラス製のため…)
p.98	表 9.1	排気速度測定 ($\ell \cdotس^{-1}$)	排気速度測定値 ($\ell \cdot s^{-1}$)
p.130	3行目	素状	素性
p.162	14-15行目	…鐘と鐘との隙間に軽い小さい金属球を糸で吊るしたものである.(電気振り子),その周囲に4個の鐘を置いたものである.振り子はどちらかの鐘に…	…鐘と鐘とのそれぞれの隙間に軽い小さい金属球を糸で吊るしたものである. 4個の振り子(電気振り子)はどちらかの鐘に…
p.166	ピラニの生没年		1880-1968

真空技術
発展の途を探る

辻　泰・齊藤　芳男

アグネ技術センター

まえがき

　真空技術は，まず物理学の進歩と密接に関係して発達してきた．その結果は大型加速器，核融合研究装置，表面物理学の研究などに必要不可欠な技術に成長している．それとともに，電球から始まる工業のために発展する道が開かれ，電子管，集積回路，ナノテクノロジーなどの開発と製造にも不可欠な技術として結実している．このような経過の中で，真空技術は技術としての側面が強調され，その背後に広がる大きな物理・化学的基礎の部分は，研究としてはともかく一般にはあまり踏み込まれていない．実は真空中では気体分子間の衝突，気体分子と表面との衝突などが現象を支配することが多く，大気中での現象に比べてはるかに単純で，きれいな現象が技術の分野に結びついているにもかかわらずである．

　技術の面が強調されたことは，教科書にも現れ，直接の技術的な面に限った簡単なものが好まれるようになっている．その中では，物理・化学的背景はもちろん，真空技術の研究者，技術者なら心得ていて欲しい，近代的な真空技術の発展過程で研究され，現在では当然のような形で技術に組み込まれている諸現象も，基本的な形では取り上げられていないことが多い．

　このような風潮を気にして，筆者らが「真空」（月刊誌，日本真空協会）に1999年から2006年にわたって断続的に掲載した講座が本書のもとになっている．もとより，取り上げたら良いと思われた多くの事項の中で，筆者らの手の届く範囲のものしか扱えなかったので，全体のほんの一部に過ぎない．また，「真空」では短い文とし，論文や総合報告を読む合間に，息抜きに読んでもらいたいと考えた．それが成功しているか否かはわからないが，筆者らも気を楽に持って書いたので，一部には自伝的になっているところがあり，歴史に重点を置いたところもある．

　一冊にまとめるに際しては，全体を見通して多くの箇所と図を書き直し，3編を追加した．その中で，1章は1959年から開催され現在も続いている，日

まえがき

　本真空協会主催の真空夏季大学において 2000 年前後の数年間に，筆者らが全体の講義への導入部として講演したものを骨子に，大部分を新たに書き直したものである．また，コラム 2 編のうち一つは「真空」以外の「電学論 A」（月刊誌，電気学会）から取り入れたものである．その他の部分は「真空」の一回分が，大体本書の一章に対応する形を保っているので，各章を独立に理解し得るようになっている．その反面，部分的には重複しているところ（特に各章の導入部）が残っていたり，一人称で書いた文章が残ったりしたが，あえて調整することはしなかった．整理することによって各章の文勢が低下することを恐れたからである．

　本書は教科書ではないので，通して勉強しまとまった知識を把握するという書き方ではない．しかし，現存する真空技術の教科書ならば，ほとんどのものに対して副読本として読んでいただければ，真空技術に関連する知識の範囲が広く深くなり，技術の使用，開発，研究を進める力が増えるであろう．読者のお役に立てば幸いである．

　本書によって興味のある部分を見出したら，是非，原論文を読んでいただきたい．原論文を読むことは，その問題に近づき理解する近道だということは，昔からの鉄則である．気体分子運動論を完成させたマクスウェルは，「科学は，私たちがさまざまな概念の発達の歴史をたどりはじめるときにこそ，魅惑に満ちるものとなる」（平田 寛編著，岩波ジュニア新書，"地球は青かった"）と言っているが，さらに原論文から著者の人となりを想像してみれば，その問題の中に楽しさを増していくことができるかもしれない．

　本書の内容は筆者らが協力して作成したものであるが，各章を主に担当したのは下記のとおりである．

　　　1. 真空技術発展の軌跡
　　　　　1.1 はじめに（齊藤）
　　　　　1.2 真空技術の発展〜 1.4 超高真空から極高真空へ（辻）
　　　コラム　テプラー・ポンプの使い方（齊藤）
　　　2. クヌーセンとスモルコフスキー（齊藤）
　　　3. 1919 年の真空計の論文を読む（辻）

- 4. ブリアース効果を知っていますか？（辻）
- 5. 真空装置の中の水に気付いたのは誰か？（辻）
- 6. 電離真空計の発振現象の検討（辻）
- 7. バルクハウゼン-クルツ発振管見学記（齊藤）
- 8. 電離真空計の残留電流と逆X線効果（辻）
- 9. 真空ポンプの排気速度測定とテスト・ドーム（辻）
- 10. 昇温脱離法スタートの頃（辻）
- 11. ピラニ真空計を高真空で使う（辻）
- 12. ガラス細工の周辺（辻）
- 13. 真空の教科書－私の1950年代（辻）
- 14. CERNとジュネーブの気圧計（齊藤）

コラム 「アンペールの家」見学記（齊藤）

付表1　年表　（齊藤）

付表2　圧力単位の換算表　（辻）

　最後に，本書を執筆するためには多くの古い文献，また学位論文までを必要としたが，それらの調査，収集，提供その他にご協力いただいた，下記の諸氏に厚く感謝いたします．

　東京大学生産技術研究所：岡野達雄教授，福谷克之教授，川井玲子氏，三浦華子氏．大阪市立大学：美馬宏司名誉教授．株式会社東芝：三浦忠男博士．元株式会社アルバック：村上義夫氏．産業技術総合研究所：野中秀彦博士．埼玉大学：小林信一教授．元電気通信大学：山崎 尚教授．

　また，バルクハウゼン発振管の見学と写真撮影をご許可いただき，故伊藤庸二博士に関する多くの資料を提供していただいた，株式会社光電製作所：伊藤良昌会長に深く感謝の意を表します．

　本書の出版に関しては，株式会社アグネ技術センターに多くのご助言とご協力をいただきまとめることができた．心から感謝を捧げたい．

2008年3月

著者　辻　泰，齊藤芳男

目次

まえがき　*i*

1. 真空技術発展の軌跡　1
1.1　はじめに　1
　1.1.1　哲学から自然科学へ　1
　1.1.2　経験から実験へ　2
　1.1.3　気体の状態方程式　2
　1.1.4　分子の運動と電子・原子の発見　4
1.2　真空技術の発展　5
　1.2.1　真空技術のはじまり　5
　1.2.2　原子物理学とともに　5
　1.2.3　電子管に至る封止系の発展　9
　1.2.4　表面物理の始まり　10
1.3　排気系の大形化　11
　1.3.1　近代的真空ポンプと真空計の開発　11
　1.3.2　油拡散ポンプと加速器の登場　14
1.4　超高真空から極高真空へ　16
　1.4.1　超高真空の確認　16
　1.4.2　真空の質の認識　17
　1.4.3　極高真空系の開発　20

コラム　テプラー・ポンプの使い方　25

2. クヌーセン とスモルコフスキー
　－分子流領域における長い導管のコンダクタンス－　31
2.1　はじめに　31
2.2　クヌーセンの方法　32
2.3　スモルコフスキーの方法　34
2.4　おわりに　37
Appendix　任意な形状を持つ導管での流量と内部の圧力分布　39

3. 1919年の真空計の論文を読む　41
3.1　世界への窓の再開　41
3.2　電離真空計　42
3.3　ピラニ真空計　44

4. ブリアース効果を知っていますか？ *48*
   4.1 油拡散ポンプの誕生 *48*
   4.2 ブリアース効果 *49*
   4.3 拡散ポンプ油分子の吸着 *53*

5. 真空装置の中の水に気付いたのは誰か？ *57*
   5.1 テプラー・ポンプの頃 *57*
   5.2 質量分析計の応用 *62*

6. 電離真空計の発振現象の検討 *70*
   6.1 超高真空の幕開け *70*
   6.2 イオン電流の異常と発振現象 *73*

7. バルクハウゼン－クルツ発振管 見学記
  －電離真空計の発振現象解明のルーツ－ *78*
   7.1 はじめに *78*
   7.2 1941年のイースターエッグ *78*
   7.3 1917年の真空管技術 *80*
   7.4 バルクハウゼン－クルツ発振 *82*
   7.5 おわりに *84*

8. 電離真空計の残留電流と逆X線効果 *85*
   8.1 電離真空計の残留電流 *85*
   8.2 軟X線効果とその対策 *85*
   8.3 変調電極付きB-A真空計に関する思い出 *89*
   8.4 逆X線効果 *91*

9. 真空ポンプの排気速度測定とテスト・ドーム *95*
   9.1 排気速度測定へのテスト・ドームの導入 *95*
   9.2 現在の規格 *99*
   9.3 デイトン博士と日本真空協会 *100*

10. 昇温脱離法スタートの頃 *104*
   10.1 昇温脱離法開発の背景 *104*
   10.2 フラッシュ・フィラメント法 *106*
   10.3 昇温脱離法 *107*

11. ピラニ真空計を高真空で使う　112
　11.1　ピラニ真空計による圧力測定　112
　11.2　熱的適応係数について　117

12. ガラス細工の周辺　120
　12.1　はじめに　120
　12.2　ガラス細工との出合い　122
　12.3　軟質ガラスで手ほどきを受ける　123
　12.4　硬質ガラスに移る　124
　12.5　グリースレス・コック　126
　12.6　生産技術研究所に戻って　129
　12.7　水銀の問題その他　132

13. 真空の教科書－私の1950年代　134
　13.1　1950年代の状況　134
　13.2　気体分子運動論　135
　13.3　真空技術　137
　13.4　真空用材料　140
　13.5　1960年代以降についての補足　142

14. CERNとジュネーブの気圧計　145
　14.1　CERNの加速器　145
　14.2　17・18世紀の水銀柱気圧計　148

コラム　「アンペールの家」見学記　155

　付表1.　年表（真空に関連する科学・技術・産業の主なできごと）　163
　付表2.　圧力単位換算表　167
　初出一覧　168
　人名索引　169
　事項索引　171

1. 真空技術発展の軌跡

1.1 はじめに

1.1.1 哲学から自然科学へ

　紀元前7世紀にターレス（Thales, BC 624頃-546頃）が「万物の原素（アルケー）は水である」と言ってから，古代ギリシャでは，物質の原素は何か？そのすきまは空虚か？が哲学の重要な命題となった．エンペドクレス（Empedocles, BC 490頃-430頃）は，土・水・空気・火の四つがすべての物質の原素であると考えた．それは，幾何学を織り交ぜた，調和としての自然界の認識方法の一つであったと思われる（図1.1）．そしてデモクリトス（Demokritos, BC 460頃-370頃）の「真実にあるのはアトモン（元素）と空虚（真空）だ」の言葉により，物が無い空間，つまり「真空」の概念が初めて生まれたとされる．しかし，その後アリストテレス（Aristoteles, BC 384-322）が，「自然は決して無駄な物を作らない＝自然は真空を嫌う」と言って「真空」の存在を否定し，すきまを埋める五つ目の原素エーテルを提唱した．大哲学者であり自然科学の創始者であるこのアリストテレスの考えは，以後2000年の間，「真空」に想いを馳せることを人々から避けさせた．

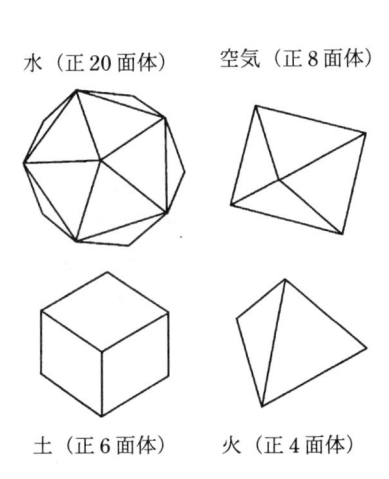

図1.1　4種の正多面体と4原素との対応

1.1.2 経験から実験へ

しかし，人間は様々な道具や構築物を造り，それを通じて，目で見て手で動かして得た自然現象に対する経験を蓄積していった．16から17世紀のヨーロッパで，ガリレオ（G. Galilei）が10 mを越える深さからは水が汲み上げられないことを井戸掘り人夫から聞いて，「自然が真空を嫌うにも限度がありそうだ」と考えたのは，彼の直感が優れていただけでなく，やはり，人類の経験の蓄積があったからであろう．そしてここで，概念の実証を目的とした「実験」が生まれ，「真空」がその対象となった．1643年のトリチェリ（E. Torricelli）とヴィヴィアーニ（V. Viviani）の実験，そして直後の1647年，パスカル（B. Pascal）のピュイ・ド・ドーム（Puy de Dôme）での実験により，初めて「真空」と「大気圧」とが実証された．アリストテレスによれば何も無い部分を自然は嫌うのであるから水銀柱は下がらないはずであるが，76 cmまで下がってしまう（そこで止まる）という，嫌うにも限度があったのである．しかし，パスカルは発想を転換し，これは，大気圧が水銀柱を押し上げているためと解釈した（図1.2）．「実験こそが従うべき真の師である」とその著書の中で述べたパスカルは，痛烈にアリストテレス学派を批判している．

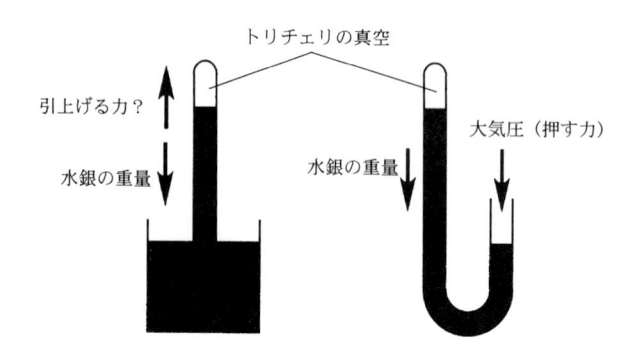

図1.2　トリチェリ（左）とパスカル（右）とがそれぞれ用いた水銀柱

1.1.3 気体の状態方程式

パスカルの後，「真空」と相補的存在である「大気圧」の測定，つまり気圧計が様々に工夫された（第14章参照）．フック（R. Hooke, 1665年），ホイヘ

ンス（C. Huygens, 1672年）などそれぞれ科学の分野で重要な法則を見いだした人々が，この，大気圧と真空との力学的平衡を重要な現象と認識した．

パスカルの実験直後の1662年，ボイル（R. Boyle）は「気体」の性質，体積×圧力＝一定（定温条件）を実験から導いた．Jの形をしたガラス管(図1.3今日ボイルのJ管と呼ばれる）の先端に水銀で気体を閉じ込め，直管部分に水銀を注ぎ足していったのであるが，閉じ込められた気体の圧力を，水銀柱

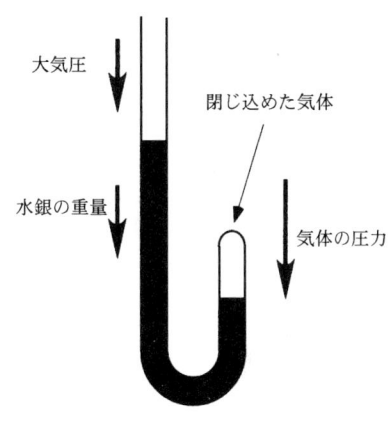

図1.3　ボイルのJ管

の高さの差で測定した．これは，気体の圧力を気体が水銀柱を押し上げる力と解釈したパスカルの考え方を，ボイルが実験に巧みに応用したと考えても良さそうである．現在，気体の量および流量を$Pa \cdot m^3$および$Pa \cdot m^3 \cdot s^{-1}$の単位で表すのは，温度を指定したときには圧力×体積が気体の量（気体分子の総数）を示すことによるが，歴史的に見れば，実測可能な量がボイルの時代からこの二つであったことに由来しているからとも思われる．ボイルの後，ゲイ・リュサック（Gay-Lussac, 1802年），アヴォガドロ（A. Avogadro, 1811年）らにより気体に関して多くの法則が見いだされ，トリチェリから200年あまりを費やして，今日，理想気体の状態方程式と呼ばれる基礎方程式，

$$pV = \nu RT$$

が完成する．これにより，気体を特徴付けるものが，圧力p，体積V，モル数ν，絶対温度Tであることが明確になり，気体定数Rが測定されることになる．

1.1.4　分子の運動と電子・原子の発見

このように，連続体としての気体の性質が体積と圧力とを用いて明らかにされていく一方，古来からの命題であったそれを構成している「原素」についても，ラボアジェ（A. Lavoisier）の質量保存の法則（1777年）やドルトン（J.

Dalton) の倍数比例の法則 (1802年) により，仮説として原子を提案することが可能になってきていた．気体の圧力をこの粒子の運動によって説明しようと最初に試みたのはダニエル・ベルヌーイ (Daniel Bernoulli) で，1738年の著書Hydrodynamikに「分子は全く勝手にあらゆる方向に飛び交っている．気体の圧力は，分子が壁に衝突して生ずる力である．」と記している．この気体分子運動論は，19世紀中頃にジュール (J. Joule)，ランキン (W. Rankine)，クラウジウス (R. Clausius)，ボルツマン (L. Boltzmann) など当時エネルギーの概念を確立しつつあった熱力学者らによって再認識され，やがてマクスウェル(J. Maxwell)により完成された (1857年)．個々の粒子を想定してその運動論から導かれた圧力の基礎方程式は，

$p=nkT$

であった．これは，連続体としての気体の性質から導かれていた先の理想気体の状態方程式，$pV=vRT$とまさに等価であり（両辺を体積Vで除すれば$p=nkT$となる），こうして連続体における気体定数Rと分子個々のエネルギー定数であるボルツマン定数kとが結びついた．そして，Rとkとの変換定数であるアヴォガドロ数が，ペラン (J. B. Perrin) により 1908–1910 年に実測されることになる．

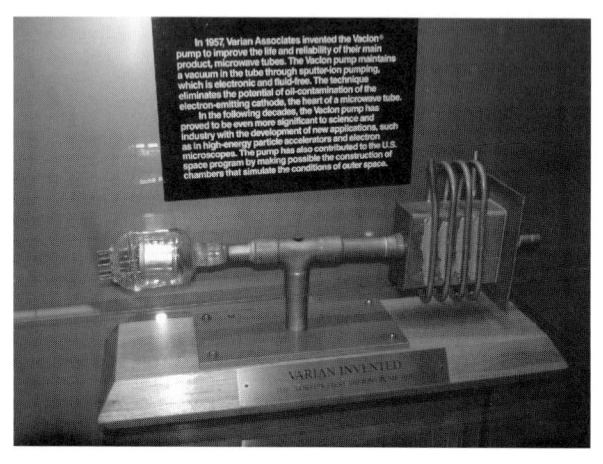

図 1.4　バリアン社のトリノ工場に飾られている最初の Vacion Pump（商品名）

真空技術の基本的な概念である気体分子運動論が確立された後, トムソンの電子の発見 (J. J. Thomson, 1897 年), ラザフォードの原子核の発見 (E. Rutherford, 1911 年), さらに加速器の誕生とその発展へと, 古来からの命題である物質の根元により詳しく迫ることになっていく. この間, 真空を実現する技術もまたこれら科学実験に欠かせないものとして発展してきた. 巻末に, 真空に関連する科学・技術・産業の主な出来事を年表としてまとめた. ゲーリケ (O. von Guericke, 1650 年) やホークスビー (F. Hauksbee, 1703 年) の機械式ピストン・ポンプに始まり, ガイスラー (H. Geissler, 1855 年) などによる水銀ピストン・ポンプ, また, ゲーデの水銀拡散ポンプ (W. Gaede, 1913 年) やバリアン社のスパッタ・イオン・ポンプ (Varian Associates, 1957 年, 図 1.4) など多くのものは, 実験の要求からだけでなく, 白熱電球, 電子管, 半導体などの産業の需要とも相俟って発展してきたと考えられる.

1.2 真空技術の発展

1.2.1 真空技術のはじまり

「トリチェリの真空」によって真空の存在を実証したトリチェリの実験 (1643 年), 大気圧の存在を多くの人達に示したゲーリケのマグデブルグの半球の実験 (1654 年) などは, 科学史の観点から取り上げられ詳しく研究されて, さまざまな形で公表されている[1-7]. また, これらの科学史的展望の優れた解説を, 真空という現象の考え方を説明する目的で取り込んでいる真空の教科書もある[8].

本章では, 現在につながる真空技術の始まりとして, 19 世紀末の真空放電の研究を起点とし, 発展の道の大筋をたどってみる. 真空ポンプや真空計などの発達を必要とした真空に対する要求の背景にも注目してみたい.

1.2.2 原子物理学とともに

現在, 我々が扱っている真空技術は, 真空放電の研究が盛んになるとともに始まったと言える. その頃の真空技術は最先端技術であり, 物理実験における

地位は現在よりも遥かに高かった．真空放電現象の研究は，原子物理学の研究の始まりであり，真空技術は，原子物理学，原子核物理学，素粒子物理学，表面物理学などの発展に貢献しながら発達した．他方，白熱電球，電子管から電子デバイス，ナノテクノロジー関連デバイスに至る工業製品の発達も，真空技術との関係無しには考えられない．また，核融合研究装置，宇宙空間擬似装置，真空冶金，食品・医薬品製造への応用など，大形の真空装置を必要とする分野も多い．これらを大別すれば，真空技術の発達は，物理学と，工学および工業の発展に密接に関連している．このように広い分野にわたっているので，歴史を正確にたどることの困難さは，科学史研究者にも指摘されている[9]．本章では真空技術の発達を，物理学との関連に重点を置いて追ってみたい．

真空技術に関係の深い真空中での放電現象は，1700年代にすでに注目されていた[10,11]．その現象を19世紀に入ってから再び取り上げたのはファラデー (M. Faraday) であった．しかし，ファラデーの頃の真空ポンプは，金属と木から構成されたピストン型のものであり，気密を保つには皮，獣脂，水などを使っている状態であったから，真空放電について十分な研究ができるほど圧力を下げるのは無理であった．それでもファラデーはグロー放電の状態まで圧力を下げて，陰極の周囲の小さいグローと，陽極から陰極に向かって伸びる大きなグロー（陽光柱）との間に，暗い部分が存在することを見出した（1836年頃）．これは現在ファラデー暗部と呼ばれている．圧力は1 kPa程度であったと思われる（付表2：圧力単位換算表 参照）．

真空放電の本格的研究は，真空ポンプの改良を行ったプリュッカー (J. Plücker) から始まったと言われている[10,11]．プリュッカーの研究室には，今日でもガイスラー管に名前を残しているガイスラーがいて，優れた実験装置を製作していた．トリチェリの真空を利用する真空ポンプ（1855年）（5章図5.1 ガイスラー・ポンプ参照）も，プリュッカーの考案したものの一つである．このポンプは，ポンプの構造体をガラス製とし，ピストンに水銀を使った水銀ピストン・ポンプと見ることができる．排気操作は図を見れば明らかなように，水銀溜めを上下し，それに伴って水銀上部の空間を，コックを使って真空容器に接続したり，大気に接続したりして行う．原理は簡単だが，水銀は比重13.5

の液体金属であるため,水銀溜めが相当な重量となり,その上下とコックの開閉を人力で行うにはかなりの労力を要したであろう.また,水銀溜めの運動を停止しても,水銀柱の運動は慣性のために直ちに追随してはくれないし,場合によっては暴走してガラスに当たり破壊することもあるなど,操作に神経を使ったであろうことは想像に難くない.

プリュッカーはこのポンプを使って圧力を十分に下げれば,陰極に近いガラス管壁が蛍光を発すること,蛍光の位置が磁石を近付けると変わることなどを発見した.彼の後継者のヒットルフ(J. W. Hittorf)は陰極と蛍光を発するガラス管壁との間に物体を入れると,その影が管壁に映ることから,陰極からある種の放射線が出て直進し,管壁に当たっていると推定した(1869年).この放射線は,さらに細かく性質を調べたゴルトシュタイン(E. Goldstein)によって陰極線と名付けられた(1876年).

この間,水銀ピストン・ポンプはテプラー(A. J. Töpler)により,水銀柱の上下ごとのコックの開閉を不要にしたテプラー・ポンプが開発された(1862年)(「コラム テプラー・ポンプの使い方」参照).このポンプは,柱頭の暴走を防ぐため水銀柱の上下操作をゆっくり行う必要があり,それが真空ポンプとしての排気速度を制限すると言われている[12].水銀溜めの上下操作を減らしたポンプは,スプレンゲル(H. J. P. Sprengel)により提案された(1865年)(5章図5.2参照).

スプレンゲル・ポンプを中心に水銀ピストン・ポンプの改良に努力したクルックス(W. Crookes)[13]は,放電管の圧力をさらに下げて,ファラデー暗部とは別に陰極に接近したところにも暗部の存在を発見した(1879年).この部分はクルックス暗部と呼ばれている.

このように真空放電の研究は真空技術と密接に関係しながら進んだが,1900年代を目前にした1897年に,トムソン(J. J. Thomson)が陰極線の研究から電子の発見に到達した.陰極線の衝突によってガラス管壁に現れる蛍光の位置が,磁場によって変わることは早くから確かめられていたが,電場の影響を明らかにしたのはトムソンである[10,11,14,15].トムソンは,陰極から出る放射線が電荷を持つ微粒子から成っているという仮定を立て,磁場の影響や電荷の種

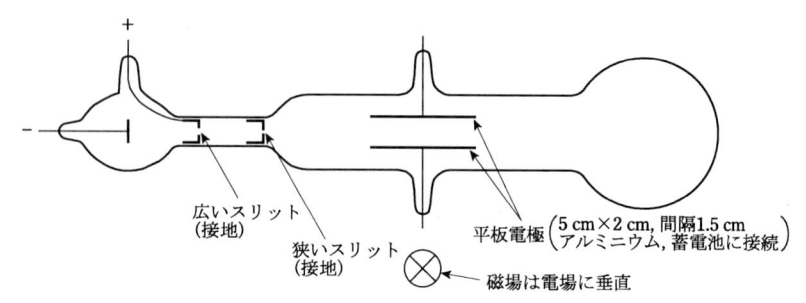

図1.5 電子の発見につながるトムソンの陰極線実験装置のひとつ（説明図）

類（負電荷）を実験的に再確認した．陰極線への電場の影響を知るためには図1.5のような測定球を使用し，右方のガラス管壁に現れた陰極線による燐光（トムソンは燐光という表現を使っている）のスポットの，電場による動きを観察することができた．電場に垂直に磁場を加えると，それによってもスポットが動く．これらの結果から陰極線を構成する微粒子の電荷／質量の比を求めると，その比が水素イオンの場合に比べて異常に大きいことがわかった．この研究結果が一般にトムソンによる電子の発見として認められている．ここで重要な役割りを果したのは真空技術であった．トムソン以前の研究者が陰極線への電場の影響を知ることができなかったのは，排気が不十分であり，残留気体中に陰極線によってイオンが生成され，電極間に充分な電圧が加えられなかったためと思われている．トムソンは研究論文の中では真空技術についてほとんど触れていないと言われているが[3]，彼の他の論文の中には主ポンプにテプラー・ポンプを使い，補助的な部分の排気（補助ポンプではない）にスプレンゲル・ポンプを使っている例がある[16]．

同じ頃の物理学上の大発見としては，1895年のレントゲン（W. C. Röntgen）によるX線の発見がある．レントゲンは陰極線の研究をしていた過程で，放電管を黒い紙で覆っていたにもかかわらず，暗室内に置かれていた蛍光板が光っていたことからX線を発見した．そして，この発見で1901年に第1回のノーベル物理学賞を受賞したが，放電管の排気に数日を要するということを友人宛の手紙の中に見ることができる[11]．レントゲンの使ったポンプはラップス（Raps）・ポンプと言われるもので，テプラー・ポンプの水銀溜めの昇降を機

械で行うようになっている[17,18].

トムソンやレントゲンが使ったような実験装置は，真空ポンプで排気しながら作動させる電子顕微鏡，質量分析器，高エネルギー粒子加速器などへと発展して行く．これらの装置では，分子，イオン，電子などの平均自由行程を伸ばすことが，真空を使う主要な目的である．

1.2.3 電子管に至る封止系の発展

エジソン（T. Edison）による白熱電球の長寿命化（1897年）[7]と，それに続く発電，送配電を含めた電球普及への努力は，真空技術の用途を研究のためから工業用へと拡大させた．工業的な電球製造の初期にはスプレンゲル・ポンプが使われた[7].

熱フィラメントから負の電荷を持つ粒子が放出されていることを示したエジソン効果（1883年）[7]は，エジソンの行った唯一の物理的研究などと言われているが，熱電子放射の存在を示したものであった．エジソンは一応特許は取得したというが，そのまま放置してしまった．

この効果の応用として，フレミング（J. A. Fleming）が整流作用を持つ二極管を発明し（1904年）[7]，ド・フォレ（L. de Forest）が第三の電極を加えて増幅作用を持つ三極管を発明したことによって（1906年），電子管（1950年代初め頃までは真空管といわれた）は，その用途が飛躍的に拡大した[7].三極管は発振器や変調器へもその機能を拡大し，無線通信技術発展の原動力となった．その後，電子管の排気を十分に行って内部を高真空にすれば，残留気体のイオン化による雑音が減少し長寿命になることも明らかにされた（アーノルド（H. D. F. Arnold, 1913年）．ラングミュア（I. Langmuir, 1914年））[7].

電子管は，真空ポンプで排気した後に封じ切って使うことが要求されるため，ゲッターによる真空の維持と，内部の電極の十分な脱ガスとが必要となった．電球用のゲッターとして赤燐（蒸着膜が透明）を使用することは，1800年代の終り頃にはすでに提案されていた[19].また，電子管に使用されている，バリウムを中心とする活性な金属の蒸着膜によるゲッターも，1900年代の始めには報告されている[19].

電極の脱ガスは，組み立て前の材料の水素炉による高温加熱と，排気中の高温加熱とによって行われた．我が国でもこのような材料の清浄化と脱ガス，無塵室の整備，品質管理などが積極的に進められ，その結果，固体素子に取って代わられるまでには，国産の電子管は世界最高水準の性能を示していた．

1.2.4 表面物理の始まり

表面研究が物理の表舞台に出て来たのは，電子の波動性を証明したダヴィッソン（C. J. Davisson）とガーマー（L. H. Germer）の研究からと言えよう[20]．この研究は，最初，電子管の陽極やグリッドに関連して，電子衝撃による金属表面の二次電子放出を調べる目的でダヴィッソンとクンスマン（C. H. Kunsman）により始められた．その際，弾性散乱電子が思いのほか多いことに気付き，その強度の角度分布を測定したが，一様ではないものの確かな構造を把握することはできなかった（1921年）．数年間の中断の後，今度はダヴィッソンとガーマーにより研究が再開された．装置は，ガラス製の測定球の中に，試料，電子源，集電子電極がコンパクトにまとめられて，排気され，封じ切られた電子管型の管球形式のものである．これは，彼らの研究が，通信システムの研究とともに電子管の研究が盛んだったベル研究所（AT＆T）で行われたためだろうか．この測定球は何回も壊れ，その度に高温で加熱排気を繰り返した．そのために，試料のニッケル多結晶の中で結晶成長が起ったらしく，年とともに弾性散乱電子の方向分布が，電子線の回折現象を示唆するような構造を持つようになった（1925年）．その結果を得た段階でも，ダヴィッソンには電子の波動性を示しているという認識はなかったようである．それでも1926年にはニッケル単結晶を試料として研究をすすめている．この時代に金属の単結晶を試料に採用できたということは，ベル研究所の高い研究水準を示すものであろう．ちょうどこの頃，ド・ブロイ（L. de Broglie）によって物質波の概念が提唱され（1923年），また多くの人達の努力によって量子力学が整備されて来た．ダヴィッソンは1926年にオックスフォード（Oxford）で開催された理論物理学の学会に主席し，ボルン（M. Born）の講演の中で，クンスマンとの実験結果が，電子の波動性を示す証拠として取り上げられていることを知った

そうである.その後の彼自身の勉強で,ダヴィッソンはガーマーとの研究結果が電子の波動性を示す回折現象であることを認識し,1927年,Natureに論文を投稿した.この時,論文に添えられた手紙では,多くの競争相手がいるので早く掲載して欲しいと言っている.実際,1ヶ月遅れてNatureにトムソン(G. P.Thomson)とリード(A. Reid)が透過電子線の回折現象を発表し,電子の波動性を証明している.しかし,現在の知識から考えると,金属の表面を利用したこのような研究,つまり質の良い真空(1.4.2参照)を生成し,結晶表面を清浄化し,その状態を保って実験することは,他所ではできなかったのではなかろうか.

表面の清浄化と,その状態の維持を目的とする表面物理学の分野では,気体分子の表面への入射頻度を低下させるために真空を利用している.ここでは真空の質も大きな問題となる.

1.3 排気系の大形化

1.3.1 近代的真空ポンプと真空計の開発

1900年代に入ると,近代的な真空ポンプの開発に大きな役割りを果したゲーデの活躍が始まった[8, 18].ゲーデの挙げた成果は,学会誌への発表以外に特許およびライボルト(Leybold)社との共同研究(カタログ記載)が多い.研究はポンプと圧力測定の両面にわたっているが,現代につながるものとして注目すべきは,分子ドラッグ・ポンプ,拡散ポンプ,油回転ポンプに関する成果である.

分子ドラッグ・ポンプの考えは1909年に出されているというが,幾つかの試作を経て実用になるポンプは1913年に製作され,ライボルト社によって300台ほど製造されたという.

油回転ポンプは,ゲーデは発明者としてではなく設計者として参加し,回転翼型油回転真空ポンプを手掛けた.このポンプは,現在でも通称として,ゲーデ型油回転ポンプと言われている.さらに,油回転ポンプにとって必要不可欠とも言えるガス・バラストの原理も彼が導入したと記録されている.

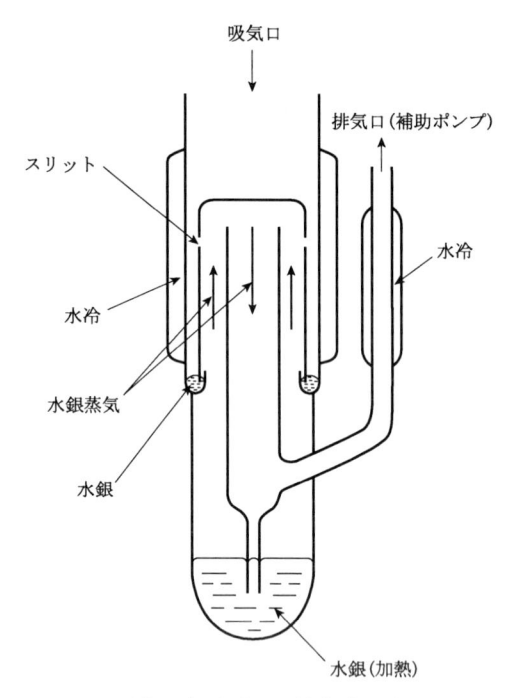

図 1.6　ゲーデの考案した拡散ポンプ（説明図）

　ゲーデの大きな功績の一つは拡散ポンプの発明である（1913年）．当初は，水銀蒸気の中への空気分子の拡散がポンプ作用の原理であると考えられていたため，ポンプの形は現代のものとは全く異なって図1.6のようになっていた．いわば，水銀蒸気を容器に閉じ込めておき，水銀蒸気中の空気分子の平均自由行程と同程度の幅のスリットを容器に開け，そのスリットを通して，空気分子を水銀蒸気中に拡散させてポンプ作用を持たせるという考えのものであった．スリットから水銀蒸気の中に拡散した空気分子は，水銀蒸気とともに排気口の方向に運ばれ，補助ポンプで排気される．水銀蒸気は（スリットから外側に拡散したものも含めて）水冷された壁面で凝縮し水銀溜めに戻る．このように，スリットを通る拡散を排気の主な作用としたため，排気速度は極めて小さく，水銀蒸気を発生させるための温度調節も微妙であった．

　これらの欠点を除いたのはラングミュア（I. Langmuir, 1916年）である[21, 22]．

ラングミュアは後のラバール管形や笠形ノズル（図1.7, 1.8参照）につながる円筒形の噴き出し，笠形の噴き出し（いずれもスロートを絞っていない）などを備えたポンプを提案した．空気分子は，噴き出しから空間に拡がった水銀蒸気の中に拡散し，水銀原子によって排気口側への運動量を与えられることが，ポンプ作用の主な要因であると考えていた．それとともに，水銀蒸気がポンプ容器の壁で凝縮することが大切な作用を担っているとしていたので，初期には凝縮ポンプ（condensation pump）と呼んでいた．

水銀拡散ポンプはクロフォード（W. W. Crawford）によるラバール管形ノズルの導入（1917年）を経て，今日一般的な形として知られているような，スロートを持つ笠形ノズルを備えた形のものに改良された．しかし，水銀を使うために，ポンプ容器の材料にも内部の構造材料にも，ガラスまたは鉄しか使うことができないという制限があり，室温でも10^{-1} Paの蒸気圧を示す水銀蒸気の真空容器への逆流を防止するため，冷却トラップを常用しなければならないという不便さがあった[23]．トラップの冷却には，液体空気，固体二酸化炭素とアルコールの混合物，塩と氷の混合物などが使われていたと言われている．

ガラス製水銀拡散ポンプでは，水銀の質量やボイラーでの突沸のために，常に破壊の恐れに耐えねばならなかったし，鉄製のポンプでは，容器の製作や部品の組み立てに銀ろうが使えず溶接に頼るほかなかったので，リーク（もれ）のないポンプ容器を製作するのは，かなりの大仕事であったと想像される．

1900年代に入ると圧力測定の方法も急速に進歩した．現在の圧力標準の体系では，真空計の校正と比較にスピニング・ロータ真空計が有用であるが，それにつながる粘性真空計としては，ホッグ（J. H. Hogg）によって，水平に置かれた2枚の板の間に吊された円板の捩れ振動の減衰を利用するものが発表された（1906年）[24]．また，ラングミュアは，石英フィラメントの振動の減衰を利用する簡便なものを提案した（1913年）[24]．熱伝導真空計はフォーゲ（W. Voege）によって熱線の温度を熱電対で測定するもの（1906年）が発表され[24]，ピラニ（M. Pirani）によって熱線の温度を線の電気抵抗から測定する方式のものが発表された（1906年）[24]．後者は作動方式はいろいろになっているが，現在，ピラニ真空計と呼ばれて各方面で広く使用されている．電離真空計は

バックリー（O. E. Buckley）により発表されている（1916年）[25]．しかし，この論文は3頁のもので図も無いので，構造は想像するしかない．

ピラニ真空計，電離真空計が発表されてから間もない1919年に，両方の真空計に関する我が国の優れた論文が宗により発表されている（1919年）[24]．当時，我が国が技術的後進国であったという目で見ると，先人達の意気込みが伝わって来るような気がする論文である（3章参照）．

1.3.2 油拡散ポンプと加速器の登場

1928年に，英国のバーチ（C. R. Burch）が，石油を分子蒸溜して得た低蒸気圧の油が，拡散ポンプの作動液として使えることをNatureに発表した[26]．グリースにも言及している1頁の報文であるが，これが油拡散ポンプの誕生を示している（4章参照）．油拡散ポンプでは，鉄以外の金属を容器材料や内部の構造材料に使えるので，水銀拡散ポンプに比べて工作が楽になった．そのほか，低温トラップがなくても10^{-2} Pa程度の圧力を得ることができ，排気速度

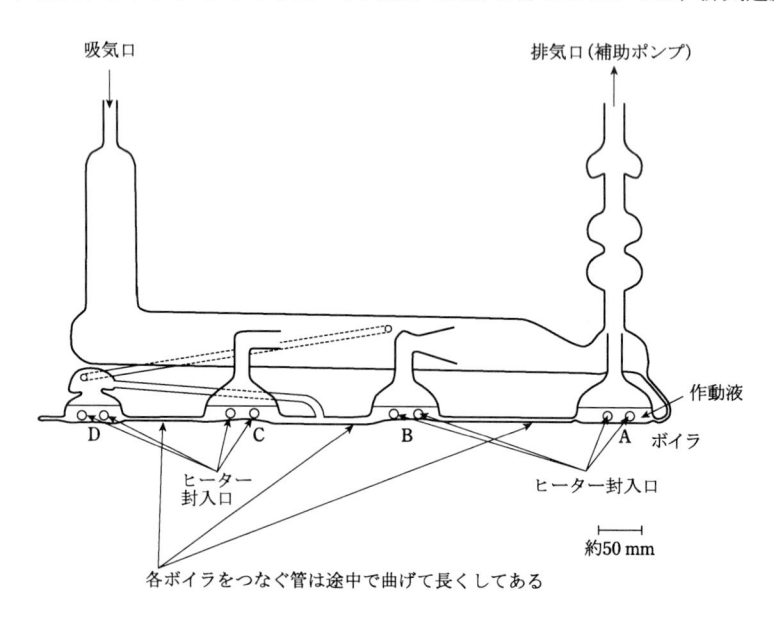

図1.7 ヒックマン・ポンプ

を大きくすることができるなどの利点があるため大いに歓迎された．

　低蒸気圧の油が拡散ポンプの作動液に使えるという情報は，伝言によって大西洋を越えて米国に渡りヒックマン（K. C. D. Hickman）に伝えられた．ヒックマンは合成した低蒸気圧の油も作動液として使えることを示し，また，ポンプを作動させながら油を浄化する分溜型ポンプの有用性を研究した[21, 27]．ガラス製のヒックマン・ポンプ（図1.7）は，その一つの形で，ノズルから噴き出した油蒸気が管壁で凝縮してボイラAに集まり，ボイラA, B, Cと移動するにつれて，蒸気圧の高い成分はAの方で，低い成分はCの方で蒸発するようになっている．この原理は笠形ノズルを持つ金属性の縦型ポンプにも適用され，図1.8に示すような同心円筒のチムニーを持つポンプが長い間使用され

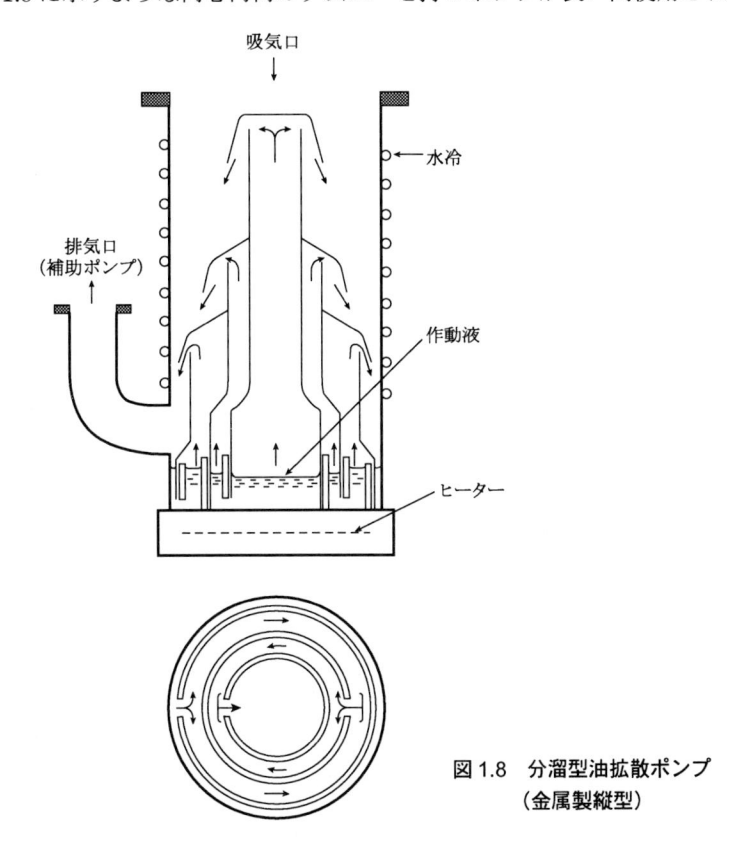

図1.8　分溜型油拡散ポンプ
　　　　（金属製縦型）

た. 分溜型油拡散ポンプによって, 冷却トラップ無しでも 10^{-3} Paから 10^{-5} Pa 程度の圧力が得られるようになった. なお, 高性能で低蒸気圧の作動液が出現するまで, 分溜型ポンプは広く利用された.

油拡散ポンプが出現してから数年後に, ローレンス (E. Lawrence) が荷電粒子の加速を磁場と高周波電場とを使う共鳴加速で行えることに気が付いた (1931年). その装置はサイクロトロンと名付けられ, 最初は直径10 cm位の小形のものを用いて加速の可能性を検討したが, それが成功した後は次々と大形化が図られ, 原子核物理学, 素粒子物理学の実験に必要な装置に発展した. 初期のものでは, 電極の導入部その他が蜜ろう (bees wax) で封止されているから, リークを止めることは大仕事だったであろう. 実際, 初期のサイクロトロンの運転で労力を費やしたのは, 「真空の維持と熱電子源の補修」だったということである[28]. サイクロトロンでは, H^+ や D^+ のようなイオンを加速しているから, これらのイオンを生成するために水素や重水素を導入し, 一方, 生成されたイオンは加速中に残留気体分子との衝突の確率を最小にとどめたいので, 導入した気体を強力に排気する必要があった. そのため, 大排気速度の排気系が要望され, 油拡散ポンプの出現は時宜を得たものであった.

1.4 超高真空から極高真空へ

1.4.1 超高真空の確認

1950年から1953年には真空技術にとって一つの転機が訪れた[29]. 1950年にベアード (R. T. Bayard) とアルパート (D. Alpert) がベアード－アルパート型電離真空計 (B-A真空計) を提案して, それまで電離真空計の低圧側測定限界を決めているのではないかと思われていた軟X線効果を確かめるとともに, 10^{-7} Paの圧力を測定して見せたのである[30] (8章参照). また, 1953年には, アルパートが冷却トラップの無いヒックマン・ポンプを使っても, ガラス製の装置全体をオーブンに入れて加熱排気 (450℃) をすれば, 超高真空に到達し得ることを示す総合的な論文を発表した[31]. 加熱脱ガス可能な全金属製バルブの製作も, この研究の重要な一部となっている. 当時の技術では, 全

金属製バルブの製作は簡単ではなかった．アルパートらの実験では，ポンプから十分離れた場所に取り付けたB–A真空計では，ポンプ油の室温での蒸気圧よりも数桁低い圧力の超高真空が得られたことを示している．これは，結果的には，ポンプ油の分子が脱ガスされた導管を通って真空計まで達するのに時間がかかることを利用している（4章参照）．この現象は，十分に加熱脱ガスされたガラス管の内壁表面では，油分子の平均滞留時間が長く，分子の流れが定常になるまでに時間がかかるという表面物理学に関係する問題を含んでいる[32]．

1.4.2　真空の質の認識

真空容器の中の水蒸気が排気の効率を低下させるということは，テプラー・ポンプのような水銀ピストン・ポンプの時代からわかっていて，ポンプの吸気口と真空容器の間に硫酸や五酸化燐などの乾燥剤を入れて，到達圧力を低くするという工夫がされていた（5章参照）．排気系が近代化され油拡散ポンプが主役となった頃にも，真空容器の排気の時定数が大きいことの原因は，容器内壁から脱離して来る水蒸気だと考えられていた．しかし，気相の組成分析の分野でも，当時は真空技術で問題となるような微量な水蒸気の定量的測定は非常に困難であった．

一方，電子を発見したトムソンは陽イオンについても研究をすすめ，イオンのビームを直交した電場と磁場（直交電磁場）の間を通すことにより，質量／電荷の比（$m/z.m$：イオンの質量，z：イオンの電荷）の異なるものを分離できることを示した（1910年）．さらに，ネオンにm/zが20と22の同位体があることを発見した（1913年）[34]．これが，現在の質量分析装置が開発される端緒となり，デンプスター（A. J. Dempster, 1918年），アストン（F. W. Aston, 1919年）らにより，質量分析計，質量分析器の開発がスタートした[37]．この頃の研究者は真空の生成と維持に多大の労力を費やしたであろうから，当然，残留気体の中の水蒸気の多さに気付いていたものと思われる．しかし，研究者の関心が同位体の発見と存在比の確定とか，原子・分子の質量の精密測定などに向いていたからか，残留気体と排気過程との関係というような，真空技術的観点から分析計を使った例は無いようである．

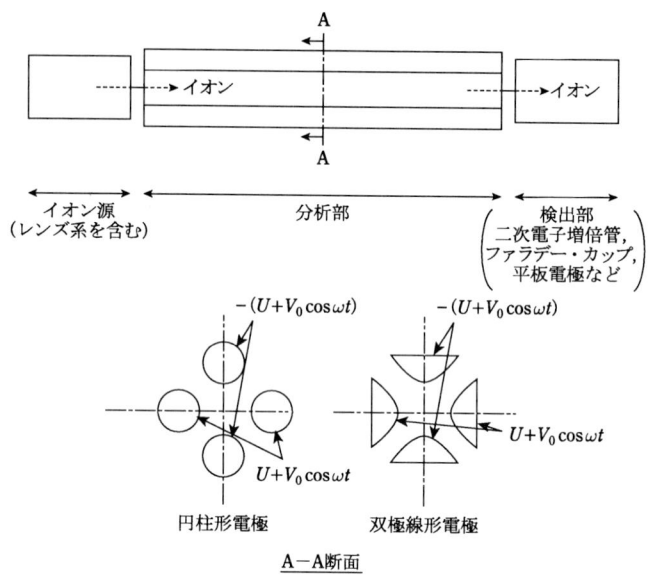

図1.9 四極子型質量分析計

　質量分析計を真空技術の目的に使った結果は，1950年のブリアース（J. Blears）の論文となって現れている．この年には，B-A真空計が米国で発表されたが，英国のバーミンガム（Birmingham）でも真空技術のシンポジウムが開かれており，ブリアースの論文も，そのプロシーディングスの中に含まれている[36]．これによって，質量分析を通じて真空中の水蒸気と，その排気過程での振舞いとが，真空関係者の関心を引くような形で示された．以降，残留気体分析用としての質量分析計の応用が広まり，いろいろな原理のものが開発された．結局，現在では図1.9に示すような四極子型質量分析計が主流になっている．この分析計は，平行に置かれた4本の柱状電極（分析部）に，交流（高周波）と直流電圧を重畳して印加し，電極の垂直断面内にできる時間的に変化する双曲線電場によって，イオン源から入射したイオンをm/zに従って分離するものである．磁場を使用しないために，真空装置に装着したまま加熱脱ガスすることができる．

　水蒸気に限らず，残留気体成分への関心は，表面の研究が盛んになるととも

1. 真空技術発展の軌跡

に高まって来た．表面の研究は，清浄表面を作り，表面構造を確定し，その状態を維持することが基本である．構造と清浄度の決定に有効な手段の一つは低速電子線回折である．低速電子線回折は，先に述べた電子の波動性の研究をダヴィッソンとともに行ったガーマーらが，1960年に後段加速・回折像直視型の装置を発表してから急速に発展した[37]．

清浄な表面状態を保って研究をすすめるには，表面に吸着しやすい分子，吸着すると滞留時間の長い分子などを極力減らした雰囲気の真空を生成することが望ましい．そのため，水蒸気のほかに酸素や油分子などを除く必要があり，真空を，圧力のみでなく，残留気体の種類によっても評価しなければならなくなる．すなわち，「真空の質」が問題とされるようになる．一般的には，表面との相互作用の大きな分子を含まない場合を「真空の質が良い」と言っている．

質の良い真空を生成するために，作動液を必要としない真空ポンプが次々と開発され，それらが，現在では排気系の主役になっている．例えばターボ分子ポンプ[39]，スパッタ・イオン・ポンプ[38]，ゲッター・ポンプ[38]，ソープション・ポンプ[38]，クライオポンプ[38,40]，などである．

ターボ分子ポンプは，縁辺部に多くの翼を持つタービン翼（動翼）のような円板の高速回転と，それに対置されてポンプ容器の内側に着けられた固定翼との組み合せで，吸気口から入った気体分子に排気口側への運動量を与えるものである．高速回転円板の軸受の潤滑油蒸気が真空の質を劣化させるのを防ぐため，磁気軸受が広く用いられている．

ターボ分子ポンプ以外は，気体の吸着（物理吸着，化学吸着）を主要な排気機構として利用しているので，表面現象と密接な関係を持つポンプである．たとえば，広く使われているスパッタ・イオン・ポンプの基本的な構成は，図1.10のように2枚のチタン板電極とその間に置かれた円筒電極とから成っている（図1.4参照）．この電極の構成を磁場の中に入れ，磁場中放電によってチタンをスパッタし，新しいチタン表面（蒸着面）で気体分子を化学吸着するのが主な排気作用である．電極（特に陽極）は，いろいろ工夫されており，また，基本的なユニットを複数組み合せた形のものが作られている．大型の加速

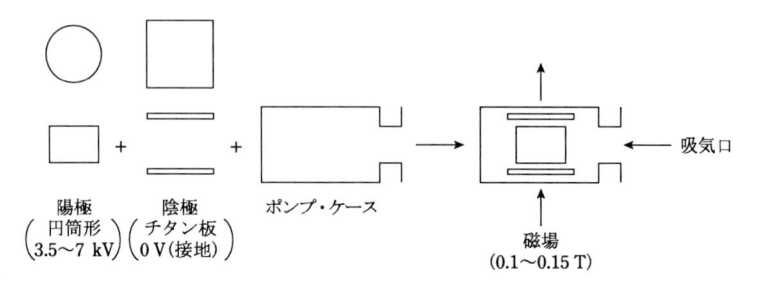

```
陽極                陰極
(円筒形)           (チタン板)
(3.5〜7 kV)       (0 V (接地))
```

ポンプ・ケース

吸気口

磁場
(0.1〜0.15 T)

注 (1) 電極形状はさまざまに工夫されている
　 (2) 大型加速器では分布型のものも使われている

図 1.10　スパッタ・イオン・ポンプの構成図

器では，加速管の中にビームを避けて配置する分布型のものも使われている．

　真空の質が「圧力測定」にも大きな影響を及ぼすことが，1963 年頃には明らかになって来た[41]．その原因の一つは，電離真空計の集電子電極に吸着した（主として）酸素が，電子衝撃によって O^+ を発生することである．この現象は電子刺激脱離（Electron Stimulated Desorption ; ESD）と呼ばれ，それ自身が表面物理学の研究対象になっている[42]．レッドヘッド（P. A. Redhead）は，電離真空計内の現象の解明から出発して ESD を調べ，その後の ESD 研究の端緒を開いた（1963 年）[43, 44]．それとともに，現在，極高真空用電離真空計として広く使われているエキストラクタ真空計の原形を発表した（1966 年）[45]（図 1.11 参照）．

　真空の質の問題には，低エネルギーの中性分子がかかわるのみでなく，高エネルギーの中性分子・原子，イオン，電子などの荷電粒子，光などもかかわって来る．このような質の真空は，大型加速器，核融合研究装置，電子デバイスやナノテクノロジー関連デバイスの製造装置，さらには宇宙機器などに現れる．今後，これらに対する理解と対応を深めて行く必要がある．

1.4.3　極高真空系の開発

　1980 年頃から，金属製の大型真空装置で，超高真空から極高真空を確実に生成する方法が模索され始めた．容器の材料は主にステンレス鋼とアルミニウ

1. 真空技術発展の軌跡

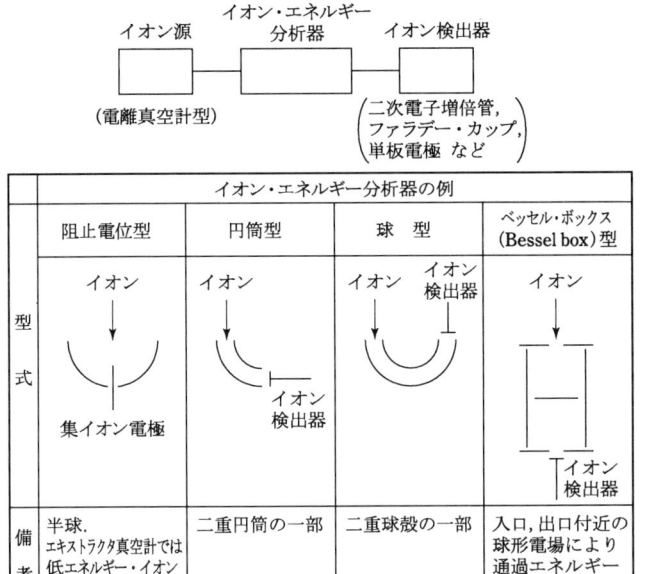

	イオン・エネルギー分析器の例			
	阻止電位型	円筒型	球型	ベッセル・ボックス (Bessel box) 型
型式	イオン↓ 集イオン電極	イオン↓ イオン検出器	イオン↓ イオン検出器	イオン↓ イオン検出器
備考	半球. エキストラクタ真空計では低エネルギー・イオンのみコレクタに入射	二重円筒の一部	二重球殻の一部	入口,出口付近の球形電場により通過エネルギーが制限される

図1.11 イオン・エネルギー分析器付き電離真空計

ムで，チタンも考えられている．金属製容器は，アルパートらが使ったようなガラス製装置に比べて，オーブンに入れて一様に高温で加熱脱ガスするのが困難な場合がある．したがって加熱温度が不十分で，加熱が不均一になることがあるので，内壁表面の処理とか組み立て前の材料の真空中での加熱脱ガスなどについて，多くの研究が行われた．その結果，現在では10^{-10} Paの達成については標準的な方法が出来上がっていると見て良いであろう[46,47]．それに続いて，一度極高真空に到達した装置に大気を導入した後，ふたたび極高真空に戻す場合の排気時間の短縮が求められるようになっている．この問題の中心は，真空容器内壁表面に吸着した水分子の脱離である．それに対応するため，容器の内壁表面の処理方法を中心に研究がすすめられている．水分子が吸着しにくく，吸着した水分子が脱離しやすい表面を作ればよいわけである．

　圧力測定も極高真空生成の基本的技術として重要である．定量的測定に使える真空計は，現在のところ電離真空計のみであると思われるが，超高真空の場

合に比べて，極高真空まで圧力が下がると，イオン源の集電子電極（グリッド）からのESDによるイオン電流が，軟X線効果による擬似イオン電流を越えることが多いので，ESDイオンの除去が必要な条件となる．そのためには，イオンに対するエネルギー分析器を真空計に組み込み，イオン源内の空間で生成されたイオンとESDイオンとを，イオンの運動エネルギーの差によって区別して，気相で生成されたイオンのみを測定するのが最も正統的な方法である．この方法によるいくつもの電離真空計が，図1.11に示すように提案されている[48,49]．1.4.2で述べたエキストラクタ真空計の半球形電極と集イオン電極の組み合せも，一種の阻止電位型分析器である．ESDイオンよりもエネルギーの低いイオンのみが，集イオン電極に入射するように電位を設定してある．

　極高真空を要求される真空系は，大型の加速器，表面物理の研究装置，電子デバイスやナノテクノロジー関連デバイスの製造装置など多岐にわたってきている．ここでは，真空装置の材料と表面処理の問題が，今までよりも遙かに重要になっている．しかし，この場合でも真空内に露出する表面は，何といっても実用表面であり，ここで起る現象に表面物理の研究で清浄な単結晶面で得られた知識を結び付けるのには，まだ相当な落差がある．それでも，極高真空装置内の表面は，少しずつ表面物理学で扱える状態に近付いていると思われる．

〔文　献〕
1) 広重　徹：物理学史 I，新物理学シリーズ 5 (培風館，1968)．
2) T. M. Madey and W. C. Brown eds. : History of Vacuum Science and Technology (American Institute of Physics, 1984).
3) M. J. Sparnaay : Adventures in Vacuums (North-Holland, 1992).
4) 平田　寛：科学の考古学，中公新書 532　(中央公論社，1979)．
5) E. セグレ：古典物理学を創った人々 (久保亮五，矢崎裕二訳，みすず書房，1992)．
6) 小柳公代：パスカルの隠し絵，中公新書 1510 (中央公論新社，1999)．
7) 城阪俊吉：科学技術史，第 4 版 (日刊工業新聞社，1998)．
8) 熊谷寛夫，富永五郎：真空の物理と応用（裳華房，1970) 第 1 章．
9) 西尾成子：こうして始まった 20 世紀の物理学，ポピュラーサイエンス　(裳華房，1997) p.119．

10) 広重 徹：物理学史II, 新物理学シリーズ6（培風館, 1968）第13章.
11) E. セグレ：X線からクォークまで（久保亮五, 矢崎裕二訳, みすず書房, 1982）第1章.
12) A. Farkas and H. W. Melville : Experimental Methods in Gas Reactions (Macmillan, 1939)p.57.
13) R. K. Dekosky : Ann. Sci., **40** (1983)1. 文献2) pp.84-101 に再録.
14) P. F. Dahl : Flash of the Cathod Rays (Institute of Physics, 1997).
15) E. A. Davis and I. J. Falconer : J. J. Thomson and the Discovery of the Electron (Taylor & Francis, 1997).
16) E. A. Davis and I. J. Falconer：前掲書（文献 15)）p.71.
17) P. A. Redhead : History of Vacuum Science and Technology, Vol. 2, Vacuum Science and Technology ; Pioneers of the 20th Century (AIP Press, 1994).
18) G. Reich :"Wolfgang Gaede (1878-1945), " 文献 17) pp.43-58.
19) S. Dushman : Scientific Foundations of Vacuum Technique(John Wiley & Sons, 1949) Chap.10.
20) R. K. Gehrenbeck : Phys. Today, **31** (1978) 34. 文献2) pp. 137-144 に再録.
21) B. B. Dayton :"History of The Development of Diffusion Pumps," 文献17)pp. 107-113.
22) S. Dushman：前掲書（文献 19)）Chap. 4.
23) J. B. Strong : Procedures in Experimental Physics (Prentice-Hall, 1938) Chap. 3.
24) S. Dushman：前掲書（文献 19)）Chap. 6.
25) O. E. Buckley : Proc. Natl. Acad. Sci., **2**(1916) 683. 文献2) pp.113-114 に再録.
26) C. R. Burch : Nature **122** (1928) 729. 文献17) p.184 に再録.
27) S. Dushman：前掲書（文献 19)）Chap. 5.
28) M. S. リビングストン：加速器の歴史（山口嘉夫, 山田作衛訳, みすず書房, 1972).
29) P. A. Redhead : "The Quest for Ultrahigh Vacuum(1910-1950)," 文献17) pp.133-150.
30) R. T. Bayard and D. Alpert : Rev. Sci. Instrum., **21**(1950) 571.
31) D. Alpert : J. Appl. Phys., **24** (1953) 860.
32) C. Hayashi : 4th Natl. Vac. Symp. Trans., AVS (Pergamon Press, 1958) p.13.
33) G. Tominaga : Japan. J. Appl. Phys., **4** (1965) 129.
34) P. F. Dahl：前掲書（文献14)）p.288.
35) G. P. Barnard : Modern Mass Spectroscopy (The Institute of Physics, 1953) Chap.1.
36) J. Blears : J. Sci. Instrum., Suppl. No.1 , Vacuum Physics(The Institute of Physics, 1951) p.36.
37) A. U. MacRae : Science, **139** (1963) 379.
38) K. M. Welch : Capture Pumping Technology (Pergamon Press, 1991).

39) J. Henning : "Molecular Drag and Turbomolecular Pumps," J. M. Lafferty ed. : Foundations of Vacuum Science and Technology (John Wiley & Sons, 1998) pp.233-249.
40) R. A. Haefer : Cryopumping, Theory and Practice (Oxford Sci., Pub.,1989).
41) P. A. Redhead, J. P. Hobson, and E. V. Kornelsen : The Physical Basis of Ultrahigh Vacuum (Chapman and Hall, 1968. American Institute of Physics, 1993) (富永五郎, 辻 泰訳：超高真空の物理(岩波書店, 1977))Chap. 7.
42) R. D. Ramsier and J. T. Yates Jr. : Surface Science Reports, **12** (1991) 243.
43) P. A. Redhead : Vacuum, **13** (1963) 253.
44) P. A. Redhead, J. P. Hobson, and E. V. Kornelsen : 前掲書（文献 43）) pp.167-181.
45) P. A. Redhead : J. Vac. Sci. Technol., **3** (1966) 173.
46) J. B. Hudson : "Gas–Surface Interactions and Diffusion," J. M. Lafferty ed. :前掲書（文献 39）) pp.614-621.
47) P. A. Redhead : "Ultrahigh and Extreme High Vacuum," J. M. Lafferty ed. :前掲書（文献 39）) pp.648-652.
48) P. A. Redhead : 前掲書（文献 47）) pp.625-642.
49) P. A. Redhead : J. Vac. Sci. Technol., A **21** (2003) Suppl. pp.S1-S6.

コ ラ ム
テプラー・ポンプの使い方

1. トリチェリの真空

　ガラス管と水銀を使った「トリチェリの真空（Torricellian Vacuum と呼ばれる）」を真空排気用のポンプとして利用するようになったのは，トリチェリの実験（1643年）から200年以上を経た1855年のガイスラー（H. Geissler）とプリュッカー（J. Plücker）によってであり，テプラー（A.J. Töpler，1862年），スプレンゲル（H. Sprengel，1865年）らにより改良が重ねられた．これらのガラス製水銀ピストン・ポンプは，当時多くの科学実験やさらに白熱球の量産などに盛んに使用された．原理的には，水銀の室温での平衡蒸気圧（およそ 10^{-1} Pa）まで排気が可能なポンプであり，20世紀初頭に発明された拡散ポンプが実用化されるまでのかなり長い期間ポンプの主流であった．現在，水銀柱を利用したこれらのものは真空ポンプとしてはほとんど使用されていないが，テプラー・ポンプは化学実験での微量気体の移送用として使われることもある．ここでは，テプラー・ポンプでどのように真空排気を行ったかを，模式図（図I, II）を使って想像してみよう：図では，便宜的に水銀柱をガラス管より太く描いてある．

2. 水銀溜めを上げる

　テプラー・ポンプは，上下に動かせる水銀溜めA，圧縮球と呼ばれる容器B，および排気したい容器Cの3つを，鉛直に配置した管EにGの場所で分岐管を用いて接続したもので，Bの最上部からは落下管と呼ばれるパイプF（長さ L）が最上点Hから水銀受けDに浸されている．B内の気体が圧縮されてDに

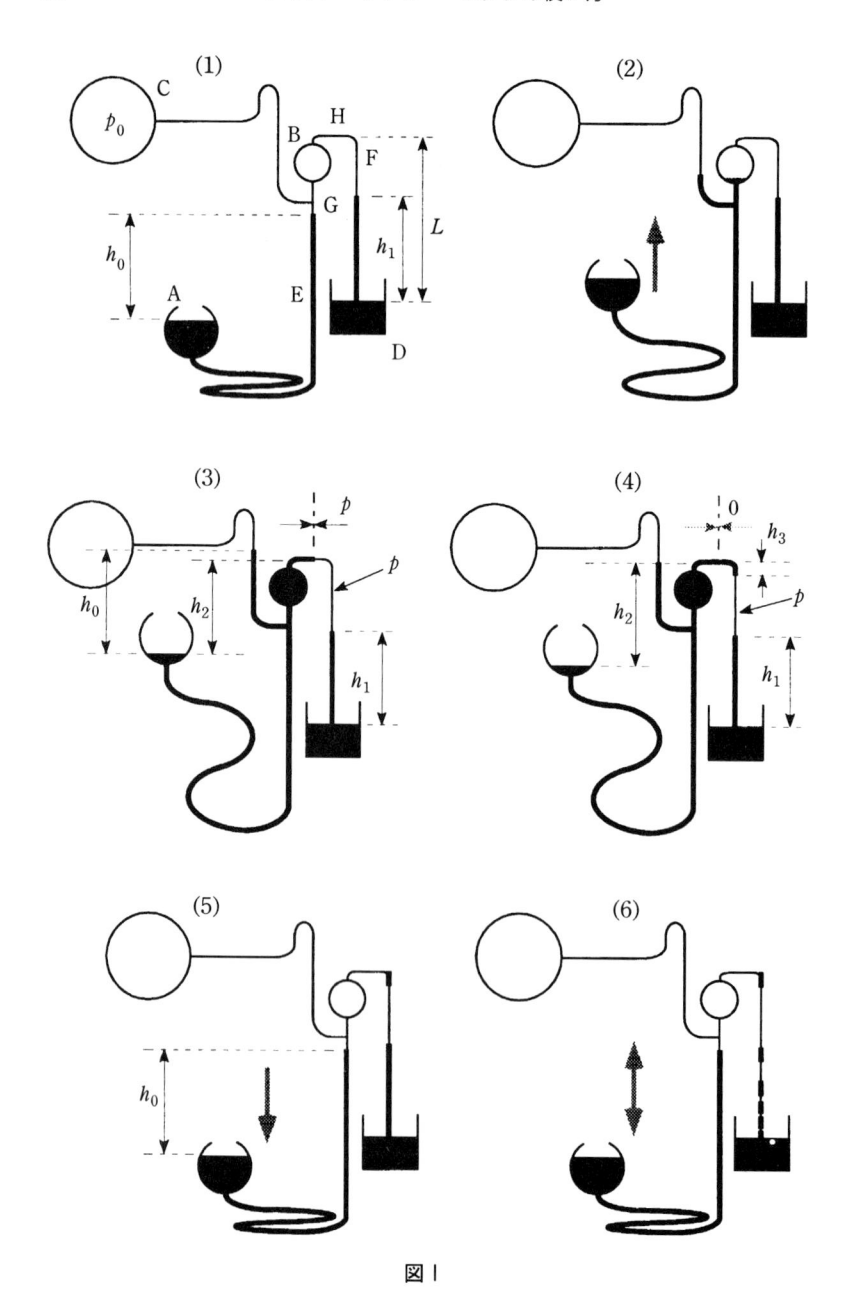

コラム　テプラー・ポンプの使い方

図 1

排出される仕組みとなっている.

ある程度排気が進んで，C内の圧力p_0が水銀柱の高さで1 mm程度あるいはそれよりもさらに低くなっている場合を想定すると（図I），E, Fとも，液面はA, Dよりそれぞれおよそ760 mm高い状態になっている（$h_0=h_1≈760$）.

図I(1)：Aを持ち上げていき，

図I(2)：E内の液面がGを通過すると，C内とB内とにある気体が分離される.

図I(3)：さらにAの液面を上昇させ（$h_2<h_0$）B内の気体をF内に圧縮すると，その圧力pに応じてh_1は低くなる．ちょうど最上点Hまで水銀を満たした状態を考えよう．Hの液面は，左右両側から圧力pが作用して釣り合っている．ρを水銀の密度，gを重力加速度，p_atmを大気圧とすれば，それぞれの液柱の高さの間には以下の関係が成り立つ.

$$p_\mathrm{atm}=\rho g h_1+p \quad \text{(i)}$$
$$p_\mathrm{atm}=\rho g h_2+p \quad \text{(ii)}$$

つまり，

$$h_1=h_2$$

が釣り合いの条件であり，また，圧縮された気体の圧力pは，パイプFの断面積をaとすれば，ボイルの法則，

$$p_0 V = p \times a(L-h_1) \quad \text{(iii)}$$

を満たす．今，仮に，圧縮球Bの体積100 cc，aを5 mm^2，Lを1 mとして，上の式から圧力pを求めてみると，

$p_0=1$ mmHgの時，$p=65$ mmHgよって$h_1=h_2=695$（$L-h_1=305$）

$p_0=0.1$ mmHgの時，$p=8$ mmHgよって$h_1=h_2=752$（$L-h_1=248$）

となる．これらの値は，落下管の断面積や長さで変化するが，通常，長さLは圧縮効率を高くするため，760 mmよりも少しだけ長く設定している．また，断面積は水銀の表面張力が保持できるよう（気体を押して行けるよう）小さくする必要があり，かなり細い内径のものが用いられる（太すぎると圧縮した気体がBに逆流してしまう）.

3. 水銀溜めを下げるタイミング

図I(4)：次に，もう少しAを持ち上げ最上点Hを越えて水銀を落下管Fに少しずつ送り込む（ゴム管内の水銀は体積が拘束されており，Aを持ち上げることによりF内に流れ込む）．今，F内の気体の圧力pと，上部に流れ込んできた水銀の（h_3の長さの水銀柱の）重量とがちょうど釣り合ったとする．このとき，最上点Hでは，左右いずれからも力が働かない状態が生ずる．つまり，Hでの仮想断面において，図の右から作用する力も，左から作用する力もゼロとなる．

$$p - \rho g h_3 = 0 \qquad \text{(iv)}$$
$$p_{atm} - \rho g h_2 = 0 \qquad \text{(v)}$$

したがって，これらと (i) 式から，

$$h_1 + h_3 = h_2 = 760 \qquad \text{(vi)}$$

が，この釣り合いの条件となる．よって圧力pに関するボイルの法則は以下のように書ける．

$$p_0 V = p \times a(L - h_1 - h_3) = p \times a(L - 760) \qquad \text{(iii)}'$$

先ほどと同様の形状を仮定して，式 (iv)，(v)，(iii)′からこの時のpを求めると，

$p_0 = 1$ mmHgの時，$p = 83$ mmHg（$h_3 = 83$）よって$h_1 = 677$（$L - h_1 - h_3 = 230$）．
$p_0 = 0.1$ mmHgの時，$p = 8.3$ mmHg（$h_3 = 8.3$）よって$h_1 = 752$（$L - h_1 - h_3 = 230$）．

となる．この釣り合い状態になるまで，Aを少し持ち上げて水銀を注ぎ込んだのであるが，釣り合った状態では，Aの液面は図I(3)のときより実際には下がっている．

図I(5)：この釣り合いが生じたら，水銀溜めAを下げる．Hでは右からも左からも水銀に力が働いていないから，F側の上部の水銀h_3をそのままにして（置き去りにして），圧縮球B内は「トリチェリの真空」となる．さらにAを下げれば容器側とほぼ同一圧力となり，次の動作の準備ができたことになる．実際には，図I(4)の段階での釣り合いの条件を満たすh_3の値に，厳密に一致したときにAを下げる必要は無く，これを越えたところで下げれば良い：越えない時にAを下げると図I(3)に戻ってしまう．

図I (6)：これを繰り返せば，そのつど閉じ込められた気体は，その上部に積み重なった水銀柱の数が増すにつれ圧縮され，圧力はやがて大気圧に到達して順次排出されて行く．

4. 大気圧からの排気

ホークスビー（F. Hauksbee）のポンプの方が大気圧からの初期の排気段階では効率的であったと考えられるが，テプラー・ポンプも，大気圧からの排気に利用することは可能である．容器C内が大気圧の場合（図II），

図II (1)：Aの液面とEの液面は同一である．

図II (2)：Aを持ち上げ，水銀柱がGを通過することによりCとBとが分離される．これは，先に述べた圧力が低い場合と同様であるが，この場合は，水銀溜めAをより高く上げる必要がある．

図II (3)：B内を満たし液面を最上点Hに到達させるためには，Aの液面をHにまで持ち上げる必要がある．この間，圧縮された気体は1気圧より大きくなっているので，FからDへと排出されることになる．このままの状態では，気体が放出された後に水銀はDへと流れ続けてしまう．これは，Aの液面よりほんの少しでもF管の液面が低ければ（$h_3 \geq 0$），いわゆるサイフォンの原理が成り立つからである．

図II (4)：そこで，水銀溜めAを下げ始める．

図II (5)：Aの液面が最上点Hよりもちょうど760 mm低くなったとき，F内の水銀は途切れて「トリチェリの真空」ができる．つまり，

$$h_1 = h_2 = 760$$

となる．この時，分岐管のC側の液面（C内の圧力はまだ1気圧）はAの液面と同じ高さになるまで下がっていくので，B内にCから気体が流れ込む．

図II (6)：B, C, F内の圧力は，B内の気体が減少した分だけ1気圧より低い状態となる．

30   コラム　テプラー・ポンプの使い方

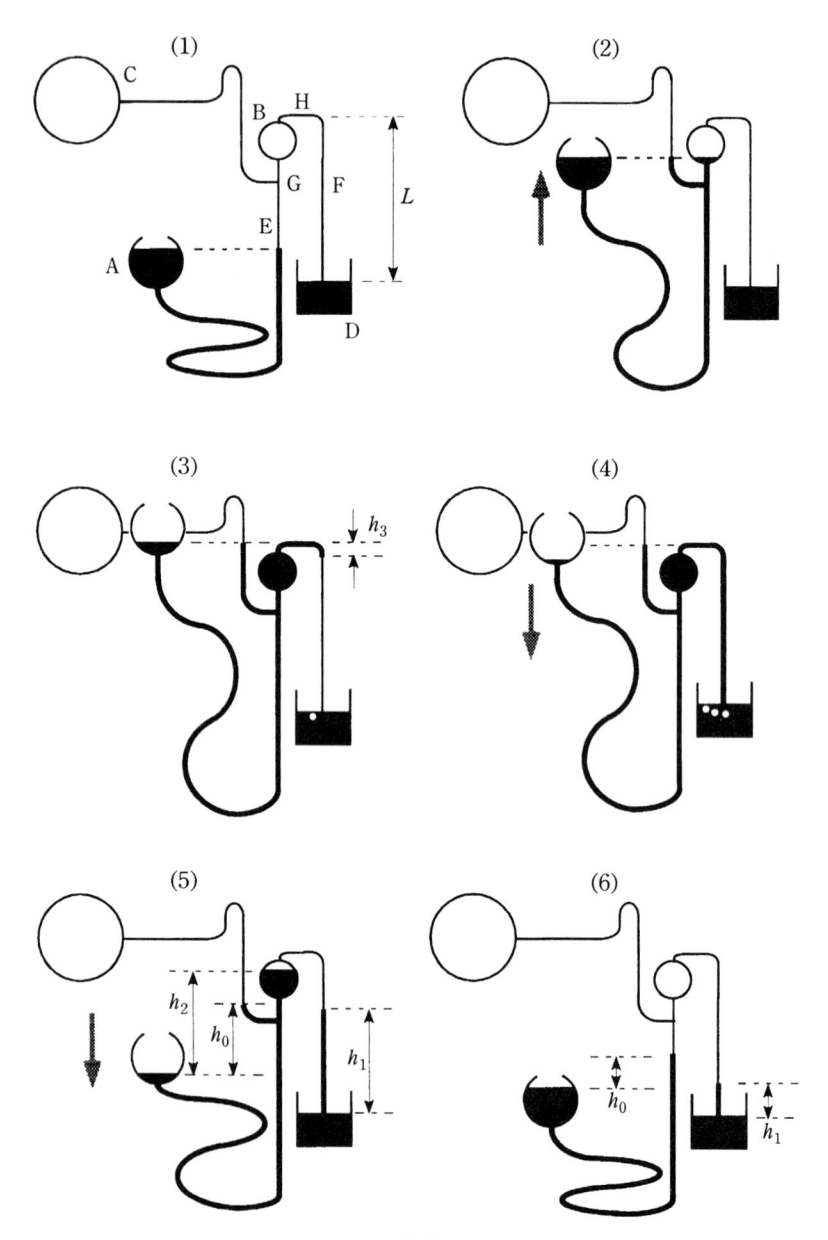

図 II

2. クヌーセン とスモルコフスキー
－分子流領域における長い導管のコンダクタンス－

2.1 はじめに

　分子流においては，分子どうしの衝突がほとんどなく導管の壁との衝突が主であり，さらに壁と衝突した後に余弦則で散乱されるとみなしてよい．したがって，ここを通過して分子が移動していく量，つまり流量は，原理的には，入口への分子の入射頻度と導管の幾何学的形状だけで決まることになる．入射頻度を体積流量で表した値と，幾何学的形状で決まる通過確率との積がコンダクタンスであり，種々の形状の導管におけるコンダクタンスを計算により知ることが真空技術の分野における重要な課題であった．
　この試みは，まず，1909年にクヌーセン（M. Knudsen）により初めて行われた[1]．そしてその直後の1910年に，スモルコフスキー（M. von Smoluchowski）が，クヌーセンが提案した表式は円形以外の断面形状の場合には厳密に正しいものでは無いことを指摘し，任意の断面形状での正確な流量を表す計算式を得た[2]．これらは，現在，教科書やハンドブックに公式（十分に長い導管という付帯条件でのもの）として掲載されているものであり，分子流の流量の計算はすべてこれらを基礎として発展してきた．ここでは，分子流の流量計算の端緒となったこの二つの論文の概略を紹介する．
　なお，これらの表式は，導管内部の圧力分布を線形と見なせる場合，つまり，無限に長く，断面形状が一定で，かつ真っ直ぐな導管を想定した際に適用できるものである．有限な長さの導管における，出入り口の端部の影響を考慮した流量計算は，1930年代のクラウジング（P. Clausing）を待たなければならない．

2.2 クヌーセンの方法

　1909年のAnnalen der Physik（ドイツ物理学会の年報学術誌）に掲載されたクヌーセンの論文は，"Die Gesetze der Molekularströmung und der inneren Reibungsströmung der Gase durch Röhren（導管内の気体の分子流と粘性流についての法則）"と題される55ページに及ぶものである．1875年にはクンツ（A. Kundt）やヴァルブルグ（E. Warburg）により，極めて細い導管での流量が粘性流を扱ったポアゼイユ（Poiseuilles）の式では精度良く表せないこと，また，1890年にはクリスチャンセン（C. Christiansen）により，多孔質材を透過する流れは拡散として扱えることなどが分かってきていた．しかしながら，中間流領域も含め分子流そのものの定式化には至っていなかった．クヌーセンはこの論文で，分子流と中間流領域での各種気体の流量測定結果，および，それらの流量を計算するための表式を提案した．このうち，分子流での流量 Q の計算式として（定常状態で温度分布は均一），2点での圧力 p_1, p_2 を用いた，

$$Q = \frac{1}{\sqrt{\rho_1}} \frac{p_1 - p_2}{W} \tag{2-1}$$

$$W = \frac{3\sqrt{\pi}}{8\sqrt{2}} \int_0^L \frac{o}{A^2} dl \tag{2-2}$$

が示されている．ここで，ρ_1 は単位圧力当りの質量密度で m/kT に等しいので（m は分子質量，k はボルツマン定数），分子の平均速度 $\bar{v} = (8kT/\pi m)^{1/2}$ を用いれば，上の2つの式からコンダクタンス C は，

$$C = \frac{1}{\sqrt{\rho_1} W} = \frac{4}{3} \bar{v} \frac{1}{\int_0^L \frac{o}{A^2} dl} \tag{2-3}$$

の形となる．o は導管の断面周長，A は断面積である．例えば，半径 a, 長さ L の円形導管では，

$$C = \frac{\bar{v}}{4} \pi a^2 \frac{8a}{3L} \tag{2-4}$$

となり，これは，今日，十分長い円形導管のコンダクタンスの式としてよく知られたものである．

(2-1), (2-2) 式を導出する方法の一つとして，クヌーセンは次のようなモデルを考察している．速度 v と $v+dv$ の間にある粒子の数を dn とし，まず，導管内壁に入射する分子が壁の接線方向に与える力を単位時間あたりの運動量変化として計算すると，単位面積当り，

$$\frac{1}{4} v dn \times mcv \qquad (2\text{-}5)$$

で表される．ここで，

$$dn = \frac{4n}{\sqrt{\pi}\alpha^3} v^2 \exp\left(-\frac{v^2}{\alpha^2}\right) dv$$

$$\alpha^2 = \frac{2kT}{m}$$

であり，n は分子密度である．(2-5) 式の1/4は入射粒子の方向分布の平均（壁の法線を基準とした θ, ϕ 座標についての平均）として得られる値であり，また，cv は，速度の接線方向成分である．(2-5) を v に関して積分すれば，流れの方向（壁の接線方向）に導管に加わる力 B が求まる．

$$B = \frac{cm}{4} \frac{4n}{\sqrt{\pi}\alpha^3} \int_0^\infty v^4 \exp\left(-\frac{v^2}{\alpha^2}\right) dv = \frac{3\pi}{32} ncm(\bar{v})^2 \qquad (2\text{-}6)$$

ここで，見かけの流速 U を想定すると，

$$U = c\bar{v}$$

と書けるので，したがって，この導管のある微小長さ dl の部分が得る単位時間当りの運動量変化，つまり力は，

$$\frac{3\pi}{32} nm\bar{v} U o dl = \frac{3}{4} \frac{p}{\bar{v}} U o dl$$

となる．これは上流の方が下流より大きい値となるが，その力の差が，上流と下流で気体の断面に発生している力の差，つまり圧力差×断面積に等しいと考えれば，

$$\frac{3}{4}\frac{p}{v}Uodl = Adp \tag{2-7}$$

の表式が得られる．さらに，体積流量 Q は見かけの流速 U と，

$$Q = pUA$$

の関係にあるので，結局，(2-3) と等価な次式が導出できる．

$$Q = \frac{4}{3}\bar{v}\frac{A^2}{o}\frac{dp}{dl} \tag{2-8}$$

このモデルは連続流体を扱う手法を踏襲するものであるが（式中の $4A^2/o$ は hydraulic diameter，水力直径とも呼ばれる），壁と分子との相互作用という概念を初めて取り入れたものであった．さらに，円形断面導管についてだけではあるが，壁から余弦則に従って脱離してきた分子が導管のある断面を通過する数を直接計算し，これが (2-8) 式と一致することも示した．こうして得られた結果は，分子流は基本的には拡散現象に帰着できるという本質を含んでいるものであった．つまり，パラメータ $4A^2/o$ は，分子流においては，導管の幾何学的形状で決まる実効的平均自由行程 λ^*（壁から壁への飛程の平均）と見なせ，これを用いることにより (2-8) 式は拡散方程式の形で表せるからである．

$$Q = \frac{\lambda^* \bar{v}}{3}\frac{dp}{dl} = D^* \frac{dp}{dl} \tag{2-9}$$

これは，気体の拡散係数 D を，平均自由行程 λ（分子どうしの衝突によるもの）を用いて近似的に表現した，

$$D = \frac{\lambda \bar{v}}{3} \tag{2-10}$$

において，λ を λ^* に置き換えたものに対応している．

2.3 スモルコフスキーの方法

クヌーセンの論文が発表された翌 1910 年，スモルコフスキーによる論文，"Zur kinetischen Theorie der Transpiration und Diffusion verdünnter Gase（希薄気体の遷移と拡散に関する運動論）"が，同じ学術誌に掲載された．これは

2. クヌーセンとスモルコフスキー

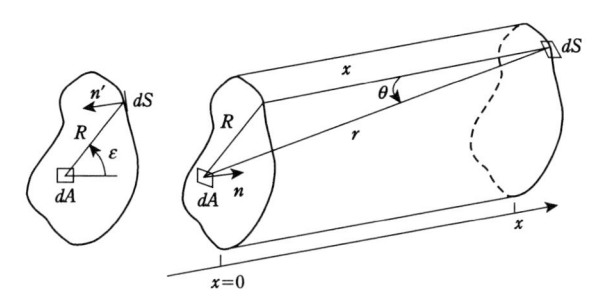

図2.1 スモルコフスキーによる流量の計算

11ページの長さであるが，図は1枚も挿入されておらず，計算過程での座標の配置を読み取るのに読者は苦労したであろうと想像される．クヌーセンは，自己の提案した式の証左として円形導管の断面を通過する分子の数を計算したが，スモルコフスキーは，これをさらに一般的な断面形状まで拡張した基本的な方程式を明示し，円形断面以外の形状ではクヌーセンの提案した式は厳密には正しくないと述べている．

図2.1に示すように，無限に長い，断面形状が一定のまっすぐな導管（壁の法線は，常に導管の軸に直行する面内にある）において，$x > 0$のすべての壁面から飛来してこの断面を通過する単位時間あたりの分子の個数Q^+は，

$$Q^+ = \int_A dA \int_{x=0}^{\infty} dS \frac{v_x \cos(\vec{n}', \vec{r}) \cos(\vec{n}, \vec{r})}{\pi r^2} \tag{11}$$

と書ける．v_xは，xの位置における壁の単位表面積から脱離する分子の数（単位時間当り）である．$\cos(\vec{n}', \vec{r})$が，壁の面積素dSから放出される際の余弦則を表している．v_xを分子の空間密度n（xの関数）を用いて表し，xについて展開して1次の項までを取り入れると，

$$v_x = \frac{1}{4} n_x \bar{v} = \frac{\bar{v}}{4}\left(n_0 + x\frac{dn}{dx}\right) \tag{12}$$

となる．これは，想定しているような断面形状が変化しないまっすぐな導管の場合は，圧力変化がx方向に関して一定，つまり圧力分布は軸方向に線形と見なせるからである．また，dAからdSを見込む立体角は，

図2.2 （R, ε） → （ρ, α） の変換

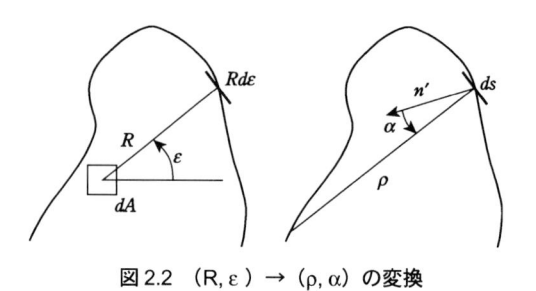

$$\frac{\cos(\vec{n}', \vec{r})dS}{r^2} = \sin\theta d\varepsilon d\theta$$

で表されるので，これらを用いて（2-11）を計算すれば，

$$Q^+ = \frac{\bar{v}}{4\pi}\int_A dA \int_{\varepsilon=0}^{2\pi} d\varepsilon \int_{x=0}^{\infty} d\theta\left(n_0 + x\frac{dn}{dx}\right)\sin\theta\cos\theta \quad (2\text{-}13)$$

となる．さらに，$x = R\times\cot\theta$ を利用して θ についての積分を実行すると，

$$Q^+ = \frac{n_0\bar{v}}{4}A + \frac{\bar{v}}{16}\frac{dn}{dx}\int_A dA \int_{\varepsilon=0}^{2\pi} Rd\varepsilon$$

を得る．同様にして $x<0$ から逆方向にこの断面を通過する個数 Q^- を求め，差し引くことにより，

$$Q = -\frac{\bar{v}}{8}\frac{dn}{dx}\int_A dA \int_{\varepsilon=0}^{2\pi} Rd\varepsilon \quad (2\text{-}14)$$

が，単位時間あたりの正味の分子の通過個数，つまり流量として得られる．これを計算するにあたり，スモルコフスキーは，図2.2のように R と ε とを，断面の線素 ds から張った弦 ρ と，および弦と線素の法線とがなす角 α とに変換した．

$$Rd\varepsilon = ds\cos\alpha$$
$$dA = \frac{1}{2}\rho^2 d\alpha \quad (2\text{-}15)$$

この巧妙な変換により，(2-14)式は，

$$Q = -\frac{\bar{v}}{8}\frac{dn}{dx}\int_H ds \int_{\alpha=-\pi/2}^{\pi/2} \frac{1}{2}\rho^2 \cos\alpha d\alpha \quad (2\text{-}16)$$

の形で表わせることになる.

2.4 おわりに

スモルコフスキーの導いた (2-16) 式は厳密解であるが, 長方形など単純な断面形状においても, 解析的に流量を求めるのには非常に煩雑な計算を要する. (2-16) 式の積分項 I,

$$I = \int_H ds \int_{\alpha=-\pi/2}^{\pi/2} \frac{1}{2}\rho^2 \cos\alpha \, d\alpha \qquad (2\text{-}17)$$

は, 例えば, 一辺が a の正三角形の断面を持つ導管の場合,

$$I = 3\int_0^a ds \int_{-\pi/2}^{\alpha_0} \frac{s^2 \cos\alpha}{\sin^2(\pi/6-\alpha)} d\alpha$$

$$\alpha_0 = \tan^{-1}\left(\frac{a/2-s}{\sqrt{3}a/2}\right)$$

を実行することになる: $I = (3/4)a^3 \ln 3$. さらに, 初等関数で表せない場合には, 数値計算により流量を見積もらざるを得ないこともある. これに比べ, クヌーセンの (2-8) 式は, 円形断面以外では (2-16) 式には一致しないが, 計算は極めて容易であり近似解を得る上では便利なものである. ハンドブック等では, スモルコフスキーの結果を, (2-8) 式に乗ずべき補正係数というかたちで掲載することがある[3].

ここで, クヌーセンの方法が, スモルコフスキーの厳密解とどの程度異なるのかを, 矩形断面導管を例に見てみよう. 辺の長さを a, b とすると ($\delta = b/a$), (2-17) 式は,

$$I = 2a^2 b \left[\ln(\delta + \sqrt{1+\delta^2}) + \delta \ln\left(\frac{1+\sqrt{1+\delta^2}}{\delta}\right) - \frac{(1+\delta^2)^{3/2}}{3\delta} + \frac{1+\delta^3}{3\delta}\right]$$

(2-17″)

となる. これを用いて計算した補正係数 α, つまり (2-16) を (2-8) で除した値を, 長方形の縦横比 (b/a) の関数として表したものが図2.3である. 導管として実用的な範囲である b/a が10程度までなら補正係数は1.5より小さく (正

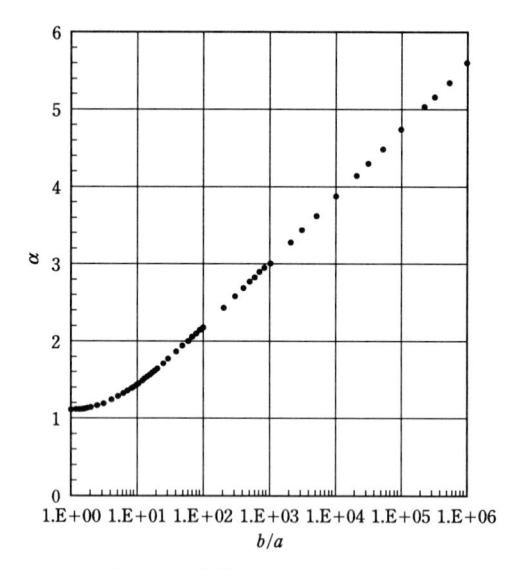

図2.3 矩形断面導管（辺 a, b）における補正係数 α

方形の場合は，1.11495），クヌーセンの近似法で流量を計算してもそれほど大きい違いはないことが分かる．一方，b/a が 10^6 程度となって非常に扁平な形状になると誤差が大きくなる．断面の面積と周長のみから計算するクヌーセンの方法では，分子の運動方向による行程の違いが厳密には反映されていないため，断面形状の対称性が低くなるほど誤差が大きくなっていくものと考えられる．

　以上，20世紀初頭のクヌーセンとスモルコフスキーの流量計算法について見てきたが，いずれにしても，これらは導管内での圧力分布が線形であることを条件に導出されたものである．断面形状が連続的，あるいは不連続に変化する場合，また，出入り口の影響が無視できない有限長の導管の場合は，分布は線形からずれを生じ[4]，流量計算は，圧力分布そのものの計算に帰着される（Appendix 参照）．

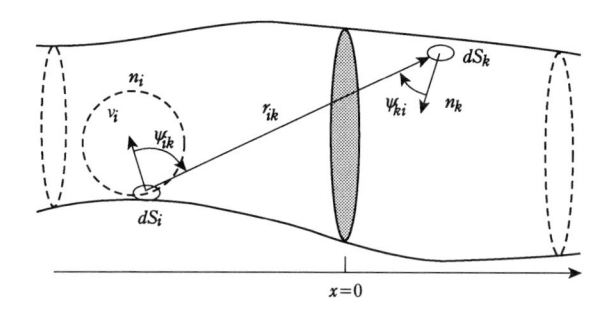

付図　導管管壁の微小面積 i から k へ散乱される分子

Appendix：任意な形状を持つ導管での流量と内部の圧力分布

壁のある微小部分（面積要素 dS_i）と他の微小部分（面積要素 dS_k）とを考える（付図）．それぞれが相手となす角（それぞれの面積要素の法線となす角）を ψ_{ik}, ψ_{ki} とし，i から散乱される単位時間，単位面積当りの粒子数を v_i とすると，i から k へ入射する粒子数は，

$$\frac{v_i dS_i \cos\psi_{ik} \cos\psi_{ki} dS_k}{\pi r_{ik}^2} \tag{A1}$$

で表される．ここで，r_{ik} は i と k との距離である．$\cos\psi_{ik}$ は余弦則を示し，$\cos\psi_{ik} dS_k / \pi r_{ik}^2$ は i から見た k の立体角を表している（π は規格化定数）．逆に，i に向かって k から入射する粒子数は上の式において i と k とを入れ替えたものであるから，導管のある断面（$x=0$）を単位時間に通過する正味の分子数 Q（流量）は，

$$Q = \int_{i=-\infty}^{0} dS_i \int_{k=0}^{\infty} dS_k \frac{(v_i - v_k) dS_i \cos\psi_{ik} \cos\psi_{ki}}{\pi r_{ik}^2} \tag{A2}$$

で求められる．したがって，導管のすべての場所において散乱粒子数密度がわかれば流量は計算が可能となる．今，壁の表面で吸着平衡が成り立っていると考えれば，単位時間について i に入射してくる分子の総数は i から散乱される（脱離する）分子数に等しいので，

$$v_i dS_i = \int_k \frac{v_k dS_k \cos\psi_{ki} \cos\psi_{ik} dS_i}{\pi r_{ik}^2} \tag{A3}$$

である．したがって，v_i の分布を，(A3) 式の自己無撞着な解（導管の軸方向に必ずしも線形とはならない）として求めてから，(A2) を計算すればよい．各々の微小面積における入射分子数，つまり (A3) 式の左辺は，その近傍の空間の圧力（密度 n_i）により決まるので，

$$v_i dS_i = \frac{1}{4} n_i \bar{v} dS_i \tag{A4}$$

であり，よって，ここで解こうとしている v_i の分布の計算は，導管の圧力分布 n_i を求めることに他ならない．

有限な長さの導管では，i の部分での入射と脱離の分子数のつりあいは，入口 ($x=0$) から直接入射してくるもの (Γ) も含め，(A3)式を，

$$v_i dS_i = \Gamma_i dS_i + \int_k \frac{v_k dS_k \cos\psi_{ki} \cos\psi_{ik} dS_i}{\pi r_{ik}^2} \tag{A3'}$$

と変更する必要がある．また，断面 A ($x=x_0$) を通過する流量も，

$$Q = \int_A \Gamma_{\text{entrance}} dA + \int_{i=0}^{x_0} dS_i \int_{k=x_0}^{L} dS_k \frac{(v_i - v_k) dS_i \cos\psi_{ik} \cos\psi_{ki}}{\pi r_{ik}^2} \tag{A4'}$$

と変更する必要がある（右辺第 1 項は，入口から直接 A を通過する分子数）．

〔文　献〕

1) M. Knudsen : Ann. Phys., **28** (1909) 75.
2) M. Smoluchowski : Ann. Phys., **33** (1910) 1559.
3) J. M. Lafferty ed. : Foundations of Vacuum Science and Technology (John Wiley & Sons, 1998).
4) 松田七美男：真空，**47** (2004) 690.

3. 1919年の真空計の論文を読む

3.1 世界への窓の再開

　第二次世界大戦のために,海外の情報から隔離されていた我が国の真空関係者にとって,1950年頃に入手できたS. Dushman : Scientific Foundations of Vacuum Technique (John Wiley & Sons, 1949) とA. Guthrie and R. K. Wakerling eds.:Vacuum Equipment and Techniques（McGraw-Hill, 1949）とは,世界への窓を開けた教科書であった．後者については13章で触れることとして,ここではダッシュマン（S. Dushman）の本に引用されている宗の論文を紹介する．

　ダッシュマン（1883-1954）はラングミュア（I. Langmuir, 1881-1957）に少し遅れてゼネラル・エレクトリック社（General Electric Co.）の研究所に入り,副所長の期間20年を含めて36年間在職し1948年に退職した人で,真空技術のほか電子管,分子反応,電子放射,光電管,放電,光源,量子力学など幅広い研究を行っている[1]．1923年にはGeneral Electric Reviewに真空技術の解説を11回にわたって連載し,後に一冊の本にまとめている．1949年の本は880頁に及ぶ大冊で,ダッシュマンの研究歴のうち真空に関係する部分の集大成と言えるものであろう．1950年頃には円が360円／ドルに固定されていたので,書店の手数料などを入れると6000円位したように思う（大学卒の初任給が月額10000円に達していなかった頃の話）．

　内容の構成は,真空技術の教科書としては,かなり特徴のあるもので,気体分子運動論,気体の流れ,真空ポンプ,真空計などに約400頁を割いているが,残りは吸着,吸収,反応,拡散などに重点が置かれた表面現象と材料関係の記述で埋められている．表面や材料の研究成果が現在とは比べものにならな

いくらい貧しかった頃のことだから,記述は現象論的だが,このような構成にしたのはダッシュマンの経験をふまえた考えによるものであろう.

ダッシュマンの没後1962年になって,ラファティー (J. M. Lafferty) が編集者となり,ゼネラル・エレクトリック社の研究所の研究者を中心とした多くの人達が分担執筆して,ダッシュマン著（ラファティー編）の第2版 (John Wiley & Sons, 1962, 806頁) が出版された.この本は各部分を専門の人が担当しているので,旧版の構成を残しながら新しいデータをたくさん取り込んでいる. 1997年に至って,再びラファティーが編集者となり,新しく執筆者を集めて, J. M. Lafferty ed. : Foundations of Vacuum Science and Technology (John Wiley & Sons, 1997, pp.728) が出版された.序文の中で,ラファティーがダッシュマンの本の伝統を引き継いでいると書いているが,内容的には表面現象や材料などの部分が圧縮されて,一般的な真空の教科書の構成に近くなっている.

さて,最初にあげたダッシュマンの1949年の本の真空計の章（第6章）には,下記の2編が参考文献として引用されている.
(a) Masamichi So:"On an Ionization Manometer, "Proc. Phys. Math. Soc., Japan, **1** (1919) 76-87.
(b) Masamichi So:"Resistance Vacuum Gauge, " Proc. Phys. Math. Soc., Japan, **1** (1919) 152-163.

これらの論文は,株式会社東芝の前身である東京電気株式会社の宗が提出したものである.ダッシュマンが良く調べていたと思うが,90年前に我が国の雑誌に発表された論文が60年前の米国の教科書に引用されているのを見ると,ちょっと嬉しいような気がする.

3.2 電離真空計

論文 (a) で使った電離真空計は,最大径7.8 cm,長さ13 cmのガラス管球に封じられており,3本のU字形タングステン・フィラメント（直径0.072 mm,長さ5 cm）を1 cmの間隔で平行に配置してあると書かれている.しかし,電極の構造と配置は論文中の図では明らかではない.この3本のフィラメントの

うち，端の1本を陰極（熱電子源），他端の1本を集電子電極とし，中央の電極を集イオン電極に使用している．電源はすべて電池で，電子電流，イオン電流は検流計（galvanometer）で測定している．

　ポンプには何を使っているのだろう？ バーチ（C. R. Burch）が，分子蒸溜した油が拡散ポンプの作動液に使えることを示したのが1928年だから[2]，この実験に使用しているのは水銀拡散ポンプであろう．標準圧力計はマクラウド（McLeod）真空計で，真空計やポンプからの水銀蒸気をトラップするため，冷却トラップが使われている．この論文には冷媒の種類が書いてないが，論文(b)と同じなら液体空気であろう．

　このような構成の真空系によって，圧力$2 \sim 80 \times 10^{-5}$ mmHgの範囲で電離真空計の特性を調べている．感度係数Kは，圧力をP，イオン電流をC_+，電子電流をC_-として，$PK = C_+ / C_-$で定義されているから現在と同じである．実験では集イオン電極の電位，集電子電極の電位，陰極のフィラメント電流をパラメーターとし，Kの圧力依存性を調べている．電子電流ではなくフィラメント電流を使っているところが現在とは違っていて，真空計の中の電子電流に関して理解途上であったことが考えられる．実験の範囲内では，Kは電極の電位配分によって変わること，電極電位を固定すれば圧力に無関係に一定であることを確かめている．ダッシュマンが引用しているのも，$K=$一定という点に関連してである．Kの値は小さくて10^{-2} mmHg^{-1}程度であるが，これは電極構造のためであろう．筆者も各電極の脱ガスを独立に行える小形の電離真空計として，フィラメントのみで構成した真空計を試作したことがあったが，Kの値は小さかった．論文(a)では，また，C_+およびC_-とPとの関係式を出している．これは結局Kの値を半実験的に導出することを目的としていたと思われるが，あまり意味のある結果にはなっていない．

　電離真空計を最初に提案した論文としてはバックリー（O. E. Buckley）の1916年のもの"An Ionization Manometer"が知られている[3]．それ以前にも気体の電離を利用して圧力を測定する着想はバイアー（O. von Baeyer）の論文"About Slow Cathode Rays"によって示されており，三極管型の装置も製作されているが，実際の圧力測定には成功していない[4]．バックリーの論文は

2頁の短かいもので（文献3）の欄外表示では3頁だが，再録は2頁），データもほとんど記載されていない．それ以前には，マクラウド真空計の測定限界を越える低い圧力の測定には，クヌーセン（M. Knudsen）真空計と粘性真空計（ラングミュア型）が使われていたと書かれている．

バックリーの論文があるので論文（a）はすでに提案されていた電離真空計の追試と言えるかも知れないが，実験データが豊富で，圧力10^{-5}〜10^{-3} mmHgの範囲で，一定の感度係数を得ることが出来る条件を具体的に示している点で，有意義であったと思われる．

3.3 ピラニ真空計

論文（b）は気体の熱伝導を利用するピラニ真空計の実験である．この真空計については1906年にピラニ（M. Pirani）によって提案されており[5]，その後も具体化や改良のための研究結果が複数の研究者によって報告されている．論文（b）の文章と図から実験装置の略図を構成すると図3.1のようになる．センサーは，直径0.076 mm×長さ58.5 cmの白金線で約10 cm離れたアンカー（白金線，直径0.09 mm）の間に3往復させ，それを直径3.5 cm，長さ22 cmの管球に収納して，当時の電球を思わせる形にまとめている．白金線の抵抗は，線に一定電流を流し（もちろん，手動で制御），両端の電圧を電位差計で測定して求めている．

圧力が10^{-5} mmHgに達してから，管球の脱ガスをガス・バーナーで30分くらい行い，次に白金線の焼鈍（除歪？）を800℃で2時間行うなどの注意が払われている．また，センサーの白金線とアンカーおよび大気側からの導入線（デュメット（Dumet）線‐ニッケル線）との間は溶接でしっかり接続しておくことが，これらの部分での熱損失を一定に保つために重要であることを強調している．$1×10^{-5}$ mmHgまで測定可能にすることを研究目的の一つにしているので，筆者の経験からもこの注意は適切であり重要であると思われる．

管球への導入線にはデュメット線が使われている．デュメット線[6]はニッケル‐鉄合金（例えば42％ニッケル）の芯線に薄い黄銅を挟んで銅管を覆せ

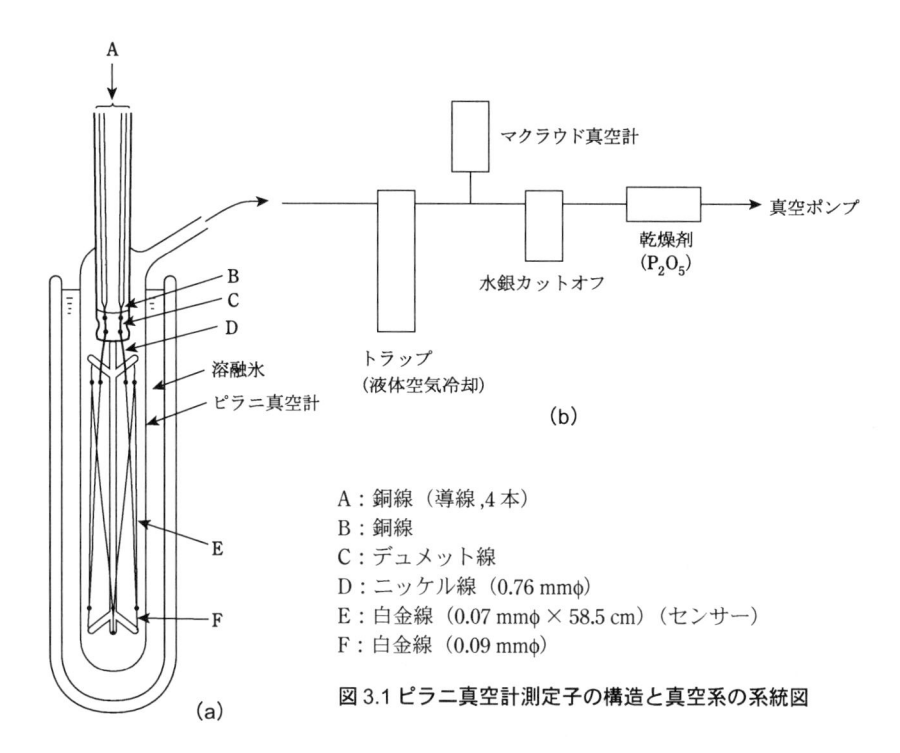

3. 1919年の真空計の論文を読む　　　45

A：銅線（導線, 4本）
B：銅線
C：デュメット線
D：ニッケル線（0.76 mmφ）
E：白金線（0.07 mmφ × 58.5 cm）（センサー）
F：白金線（0.09 mmφ）

図 3.1 ピラニ真空計測定子の構造と真空系の系統図

て溶着し，線引きしたもので，表面を硼化処理して軟質ガラスへの封入に使われる．したがって，管球は（少なくともステムの部分は）軟質ガラス製であると想像することができる．

　真空系の系統図も図3.1に模式的に示してある．標準真空計はマクラウド真空計であり，また，バルブの代りに水銀カットオフが使われている．水銀カットオフは水銀を使って真空配管を開閉するバルブの一種で，さまざまな形式のものがある．図3.1で使っているのは図3.2に示すような最も簡単なものである．水銀の昇降には，水銀溜めの中の水銀面上の空間の圧力を真空ポンプを使って調節（1気圧以下）したり，5章のガイスラー・ポンプやコラムのテプラー・ポンプのように，フレキシブルな管（ゴム管）で継いだ水銀溜めを上下したりして行う．論文（b）では後者を使っている．安全のためにはU字管の部分の長さが76 cm以上であることが必要である．真空ポンプは，この論文

開 　　　　　　閉

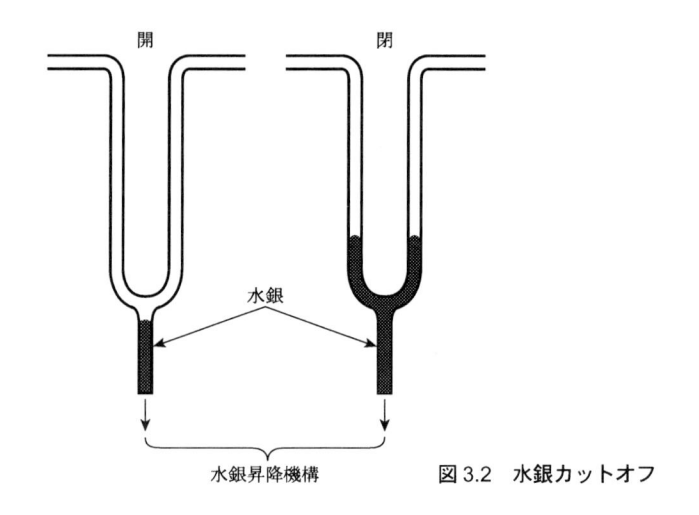

水銀

水銀昇降機構　　　図3.2　水銀カットオフ

でも示されていないが，水銀拡散ポンプであろう．被試験体の真空計を水銀蒸気から保護するために液体空気のトラップが使われている．このような真空系の構成では，残留気体中の有機物分子は少なかったものと思われる．ポンプ側に五酸化燐（P_2O_5）が入っているのは，当時すでに真空中の水蒸気の存在が，圧力の低下を妨げる要因として認識されていたことを示すものであろう．五酸化燐は気体を乾燥させるための強力な乾燥剤として1960年頃まで良く使われていたが，少し水蒸気を吸収すると表面が潮解して脱水能力が急速に低下するのが欠点である．確実なデータは手許に無いが，最良の状態で使うと，気体中の水蒸気分圧を 1×10^{-5} mmHg 程度にすることが可能なようである[7-9]．

　実験では，真空計の周囲温度を氷の融点を使って0℃に保ち，白金線を流れる電流を，0.02, 0.03, 0.04, 0.05 A とし（圧力 1×10^{-5} mmHg での線の温度は，それぞれ 49, 120, 207, 285℃ となる），圧力 $1\sim230\times10^{-5}$ mmHg の範囲で感度の変化を調べている．感度は，白金線の全抵抗を R，圧力変化 ΔP に対応する抵抗変化を ΔR として，$(\Delta R/\Delta P)\times(1/R)$ で表されている．電流 0.03 A 以上では感度は一定であり，電流一定（0.03 A）では，周囲温度が低いほど感度が低下することを示している．また，気体分子運動論の結果とも比較して，$1\sim200\times10^{-5}$ mmHg の範囲では空気の熱伝導率が圧力に比例することを確かめて

いる.論文(a)の場合と同様に,実験条件はかなり細かく設定されており,データも豊富である.

　今から90年も前の1919年(大正8年)に,これらの論文が発表されていたということは,当時の我が国の真空研究の水準を示すものとして大変興味がある.工業力全体としては世界との差が大きかった頃にも,良く頑張った真空研究の先達が居られたことに感謝したいと思う.

〔文　献〕

1) J. M. Lafferty : "Saul Dushman (1883-1954)," P. A. Redhead ed.:History of Vacuum Science and Technology, Vol.2. Vacuum Science and Technology;Pioneers of the 20th Century (AIP Press, 1994) pp.32-42.
2) C. R. Burch : Nature, **122** (1928) 729. P. A. Redhead ed. : 前掲書（文献1）) p.184に再録.
3) O. E. Buckley : Proc. Natl. Acad. Sci., **2** (1916) 683. T. E. Madey and W.C. Brown eds. : History of Vacuum Science and Technology (American Institute of Physics, 1984) pp.113-114に再録.
4) O. von Baeyer : Verh.d. D. Phys. Ges.,**10** (1908) 96. Zeit. Phys., **10** (1909) 168に再録. P. A. Redhead ed. : 前掲書（文献1)) pp.153-155に抄録.
5) M. Pirani and J. Yarwood : Principles of Vacuum Engineering(Chapman and Hall, 1961) では，Pirani真空計を提案した論文として下記が引用されている.
　M.Pirani : Verh. Der Deutsch.Phys. Ges., **8** (1906) 686.
6) デュメット線については，例えば
　W. H. Kohl : Handbook of Materials and Techniques for Vacuum Devices（Reinhold, 1967) p.419.
　J. H. Partridge and W. E. S. Turner : Glass-to-Metal Seals（The Society of Glass Technology, 1949) pp.11, 38.
7) 日本化学会編 : 化学便覧（丸善，1984），基礎編I, 4-7-2.
8) J.Strong : Procedures in Experimental Physics（Prentice Hall, 1939）p.107.
9) A.Farkas and H. W. Melville : Experimental Methods in Gas Reactions (Macmillan, 1939) p.149.

4. ブリアース効果を知っていますか？

4.1 油拡散ポンプの誕生

メトロポリタン・ビッカース社（Metropolitan Vickers Electrical Co.：英国の総合電気メーカー）の研究所にいたバーチ（C. R. Burch）が，1928年に "Oils, Greases, and High Vacua" という1頁の論文をNatureに発表し，石油系の油（潤滑油，回転ポンプ油など）を真空中で蒸溜して得た低蒸気圧の油が，水銀に代わって拡散ポンプの作動液として有用であることと，油の作動液としての長所とを指摘した[1,2]．この論文が油拡散ポンプの誕生を示すものとされている（1.3.2 参照）．後続の論文の中で[3]，バーチは，この蒸溜法（後に分子蒸溜と呼ばれる）を「完全な真空中への蒸発と事実上同じ条件での蒸溜」と言っており，得られる低蒸気圧の油とグリースの蒸溜条件を細かく調べた結果を報告している．得られた油はアピエゾン（Apiezon）という商品名で流通している[4]．

バーチは大学で物理学を専攻した人で，1923年にメトロポリタン・ビッカース社に入社したが，英国内で電気関係の企業に入った最初の物理屋の一人だったそうである[5]．同社には1933年まで在籍して，誘導加熱炉や電子管関係の仕事に従事した．その後はインペリアル・カレッジ，ロンドン（Imperial College, London）を経てブリストル大学（University of Bristol）に移り，主として光学関係の研究を行った[6]．油の分子蒸溜に手を染めたのは，厚紙に真空を使ってトランス油を含浸させ，絶縁特性を改善しようとして果たさなかった研究の副産物だったという事である．

低蒸気圧の油を得たときに，油拡散ポンプの作動液に使おうと思い付いた背景には，排気しながら使う大出力の組立式（demountable）送信管のために，

水銀拡散ポンプと液体空気の冷却トラップを使わないでも十分低い圧力を得ることが可能な，排気速度の大きな排気系を作りたいという希望があったと思われる．この希望は油拡散ポンプによって実現され，組立式の大型送信管として実用化された[7]．

　油拡散ポンプの登場が真空技術に及ぼした影響は極めて大きく，1938年に出版された有名なストロング（J. Strong）の教科書[8]でも，液体空気冷却のトラップが不要になること以外に，水銀が作動液の場合には，ガラスか鉄（接合は溶接）以外は使えなかったポンプの構造材料として，他の金属（当時としては真ちゅう，銅など，および接合のための銀ろう）が使えるようになったことの利点，水銀拡散ポンプよりも大きな排気速度を得られることなどが熱意を込めて書かれている．そして，この頃から油拡散ポンプは長いあいだ高真空ポンプの主役の地位を占めることになった．それには，バーチの研究を知ったイーストマン・コダック社（Eastman Kodak Co.）のヒックマン（K. C. D. Hickman）が種々の低蒸気圧の合成油について研究し，また油拡散ポンプは一種の蒸溜器だという考えから，ポンプを作動させながら油を精製する，分溜型ポンプの着想を得たことも大いに寄与している[3]．分溜型油拡散ポンプの素朴な，しかし一種の究極の形であるヒックマン・ポンプ（図1.7，図12.3）が考案された過程は面白いと思うが，調べる手掛かりが得られていない．

4.2　ブリアース効果

　ブリアース（J. Blears）は，1938年からメトロポリタン・ビッカース社の研究所に勤務した研究者で，英国真空協会（The British Vacuum Council）が設けたバーチ賞の第1回授賞式（1981年，バーチ81才）では，同社の科学装置部門の前主任技術者としてバーチの紹介をしている[5]．ブリアースは油拡散ポンプが華やかだった1950年前後に，数編の真空技術に関する良質の論文を発表している．その中で重要なものは，下記の5編である．

(a) J. Blears and R W. Hill: "The speeds of diffusion pumps for gases of low molecular weight."[9]

(b) J. Blears: "Measurement of the ultimate pressures of oil diffusion pumps."[10]
(c) J. Blears: "Application of the mass spectrometer to high vacuum problems."[11]
(d) J. Blears and J. H.Leck: "General principles of leak detection."[12]
(e) J. Blears and J. H.Leck: "Differential methods of leak detection."[13]

　ブリアース効果は,油拡散ポンプで排気している真空容器の到達圧力を電離真空計で測定する場合に現れる現象で,最初に論文(b)で報告されている.油拡散ポンプが高真空ポンプの中に占める割合が(特に大容量のもの以外では)低くなったためか,最近の真空技術の教科書では取り上げていないものが多い.しかし,米国真空協会の用語集[14]などには,もちろん収録されている.

　図4.1(実線)のように,油拡散ポンプで直接排気している真空容器に,ガラス管球に入った電離真空計(N)と電極のみの裸の電離真空計(H)を取り付けた場合,排気開始からの真空計の指度(圧力指示値)は,一般に図4.2のように変化して長時間経っても一致しない.この現象はブリアースによって最初に指摘され検討されているので,ブリアース効果と呼ばれている.液体窒素などの冷却トラップを使用していないので,真空容器の中はバッフルの温度で決まるポンプ作動液の飽和蒸気圧で満ちているという条件である.ブリアース

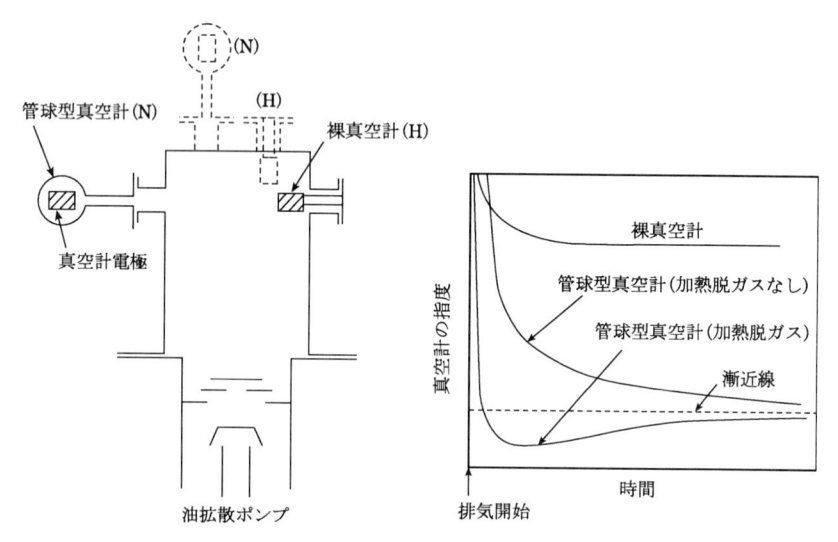

図4.1　ブリアース効果の現れる真空系　　図4.2　ブリアース効果の概念図

は，ガラス管球入りの真空計（N）をノーマル・ゲージ（normal gauge），裸の真空計（H）をハイスピード・ゲージ（high speed gauge）と名付けており，この名称は以後かなり広く使われてきた．しかし，現在のJIS[15)]では，前者（N）には特別な名称はないので，本章では管球型真空計と呼ぶことにする．また，後者（H）はJISでは裸真空計（測定子）の名称となっている．

　図4.2は概念図であるが，裸真空計の指度は排気開始後あまり時間の経たないうちに安定になっている．加熱脱ガス処理をしていない管球型真空計の指度は，ゆっくりと低下し，低い値に漸近的に近付いている．また加熱脱ガスした管球型真空計では，指度はいったん急速に低下して極小を示した後，ゆっくりと漸近線に近付く．

　管球の脱ガスはガスのハンド・バーナーで行っており，真空計の指度−排気時間曲線で，指度の極小値が変化しなくなったところで脱ガスが完了したものとしている．この状態に達したことを確かめるには，指度−排気時間曲線を何度も繰り返し測定してみるという努力をしていたはずである．脱ガスに関しては，論文中にはこれ以上書かれていない．筆者の経験では，直径2 cm，長さ100 cmくらいのガラス管を脱ガスするには，30分くらいかけて万遍なくハンド・バーナーのガスの炎を当てると，目的を達することができたと思う[16)]．

　ブリアースの装置では，真空容器は鉄製10 ℓ の小型のもので水冷しており，真空計は図4.1（点線）のように容器の天板に垂直に取り付けられている．排気系は2台の油拡散ポンプを直列にしたもので，ポンプはメトロポリタン・ビッカース社製のメトロバック（Metrovac D. R.）03（アピエゾンB使用，排気速度20 $\ell\cdot s^{-1}$ 程度）と02（アピエゾンA使用，4 $\ell\cdot s^{-1}$ 程度）で分溜型ではない．また，ポンプ付属のバッフルは取り外して，真空容器の中に大型のバッフルを設置してある．この場合には，排気を開始してから15分くらいで裸真空計の指度が安定値に達したという．その値を基準にとると，管球型真空計の指度が近付く漸近線の値は，基準値の1/10くらいになっていた．

　この現象の確認と研究は，後述のように多くの研究者によって行われているが，漸近線の値が基準値の1/10というのは，最も差の大きい方である．当時すでに，電離真空計による圧力測定では，気体と陰極（電子源）の白熱タング

ステン・フィラメントとの反応が注目されており，気体反応実験の教科書では測定精度の低下の原因として注意されている[17]．ブリアースもリークバルブから，空気，窒素，一酸化炭素，二酸化炭素，エタン，ブタンなどを導入して実験を行い，その結果，このような気体ではブリアース効果は現れないことを確かめている．

ブリアースの論文[10]では，この効果の原因は，拡散ポンプ作動液の油分子に対する真空計のポンプ作用によるものと結論している．しかし，そのポンプ作用の主要部分は，分子量の大きな油分子が管球型真空計の中で低分子量の分子に分解され，真空計管球から真空容器までの配管のコンダクタンスが(分子量)$^{-1/2}$に比例するので，油分子に対するよりも分解生成物分子に対する方がコンダクタンスは大きくなり，そのため管球内のイオン電流が小さくなることに起因していると考えている．この立場から，ブリアースは裸真空計の指度の方が真空容器内の圧力を正しく反映しているとし，各種の拡散ポンプ油について，ポンプ内で分溜を行っている場合と非分溜の場合の到達圧力を比較している．また非分溜の場合の到達圧力を真空容器の冷却水の温度を変えて測定している．アピエゾン A と B を例にとれば，20℃において，4.5×10^{-5} mmHg（アピエゾン A），1.7×10^{-5} mmHg（アピエゾン B）という値が得られている．

ブリアース効果については多数の研究があると思われるが，筆者の手許にはリディフォード（L. Riddiford）[18]，久武[19]，堀越-宮原[20]，ヘーファー（R.A.Haefer）-ヘンゲフォス（J. Hengevoss）[21]の論文などがある．リディフォードの研究の主目的は電離真空計の感度係数であって，その中でブリアース効果を取り上げ，陰極のフィラメントによる油分子の分解を伴う真空計のポンプ作用によるものとしている．久武の研究は全ガラス製の装置で行われている[19]．液体酸素冷却のトラップを入れて，ポンプからの油が真空計に達しないようにすれば，ブリアース効果は現れないことが示されている．また，図4.1でバッフルを濡らしている油の作用を明らかにするため，装置の中に拡散ポンプ油の溜めを作ってあり，グリースレス・コック（12章12.5参照）によって，液面と真空計との間を開放したり遮断したりできるようにしてある．このような装置を使って得た結論では，ブリアース効果は彼の考えた真空計のポン

プ作用では説明できないとなっている．そして，久武自身が行った，油拡散ポンプの到達圧力付近における残留気体の質量分析の結果[22]その他を考慮して，以下のような仮説を提案している．すなわち，裸真空計には拡散ポンプ内で熱分解した軽溜分の油分子がたくさん来ているが，管球型真空計では配管の内面に拡散ポンプ作動液の油分子が多層吸着しているので，この層が軽溜分を吸収・吸蔵してしまい（ラウール（Raoult）の法則，真空に関連した研究がある[23]），真空計管球には低蒸気圧の成分しか到達しない．そのためにブリアース効果が発生するというものである．この研究から10年近く経過した後に出た堀越－宮原の研究[20]は，液体窒素の冷却トラップを備えた大型の真空容器を使った実験で，トラップの冷却効果も検討できるようになっている．そこで得られた結論でも，ブリアースの考え方による真空計のポンプ作用では，現象を説明するには不十分であることが示されている．可能性としては，管球型真空計の導管の内面に拡散ポンプ作動液の油分子が大きな確率で吸着するとすれば，ブリアースが得たような指度の差も説明し得るのではないかということが示唆されている．ヘーファー－ヘンゲフォスの研究では，10^{-8} mmHgの超高真空でも，油拡散ポンプによる排気などで真空容器の中に油蒸気が存在すれば，ブリアース効果が現れることが示されている．しかし，この場合は400℃で加熱脱ガスしているため，容器を10℃に冷却した直後には裸真空計と管球型真空計の指度は一致しており，管球型真空計の指度が低下して落ち着くには20時間以上も経過する必要があった．ブリアース効果の原因としてはブリアースの考えた機構をほぼ認めているが，その効果の現れるまでの時間と，容器全体の温度を変えて調べた結果とから，管球型真空計の導管と容器内壁への油分子の吸着の効果の重要性を指摘している．いずれにしても，ブリアース効果には，管球型真空計の導管の内面に拡散ポンプ作動液の油分子が吸着する現象が，大きな役割りを果しているものと考えて良いであろう．

4.3 拡散ポンプ油分子の吸着

真空中の表面における気体分子の吸着と気相の分子密度との関係は，分子の

表4-1 拡散ポンプ作動液の油分子の平均滞留時間 τ

$$\tau = \tau_0 \exp\left(\frac{E_\mathrm{d}}{RT}\right)$$

作 動 液	τ(s) (25℃,外挿値)	τ_0 (s)	測定温度 (℃)	E_d (kcal·mol^{-1})
カーボン系合成油 D.O.S.*	8.8	1.3×10^{-16}	65〜90	23.4
シリコン系合成油 DC704**	6.2	0.8×10^{-19}	75〜100	27.1

* ディ -2-エチル・ヘキシル・セバケート (di-2-ethyl hexyl sebacate) (Octoil S : 商品名)
** テトラフェニル・テトラメチル・トリシロクサン
 (tetraphenyl tetramethyl trisiloxane) (DC 704 : 商品名)

τ_0 : 定数, E_d : 吸着分子の脱離の活性化エネルギー, R : 気体定数, T : 絶対温度

吸着確率sと吸着した分子の平均滞留時間τとによって論じられている．気体分子運動論に関する基礎現象の解明という観点から，クラウジング（P. Clausing, クラウジング係数によって広く知られている）が[24]，1930年に，円管の中の分子流が，流れ始めてから定常流になるまでの時間（遅延時間）とτとの関係を検討し，遅延時間の測定によって，ネオン，アルゴン，窒素などのτの値を求める実験を行っている．このような気体分子のτは小さく，室温で10^{-9}s程度以下であるから，クラウジングの研究は当時の実験技術の水準を考えると驚嘆に値する．しかしτは小さいので，真空系内の分子の挙動に影響を与えるようなものではない．

真空技術の立場から，真空容器の排気，リーク，管の中の分子流などの諸現象の中にも，τが大きな役割を果す場合のあることを示した重要な論文は，林のものである[25]．この論文が発表されて以降，真空内現象を語る場合には，τを考慮に入れることが常識的になって来た．そこで特に問題となるのは，τの大きな油分子や水分子である．水分子の物理吸着の場合のτは室温で10^{-4}s程度と推定される．また，少し大形の分子の推定値でも，二酸化炭素で10^{-7}s程度，エチルアルコールで10^{-2}s程度である．それらに比べて，拡散ポンプ作動液の油分子のτは長く，例えばガラス管の中の分子流の遅延時間の測定から，富永によって測定されている[26,27]．管の温度を変えて求めた脱離の活性化エネルギーE_d, 定数τ_0などから計算した25℃でのτの値を表4.1に示してある．

しかし，この測定には，原論文には書かれているが，引用の場合にはしばしば見過ごされている現象が含まれている．それは油分子の初期吸着に関する現象である．

　ガラス管を450℃位に加熱して十分に脱ガスすると，そこに油蒸気を流入させた時の最初の遅延時間は，表4.1に示したようなτを求めた遅延時間よりもずっと長く，再現性も悪かった．そこで，τの測定には，測定温度を設定してから，まず一回油蒸気を流して定常流を作り，次に油蒸気の流入を止めて一度十分排気した後，再度，油蒸気を流入させたときの遅延時間を使っている．最初の遅延時間が長い理由には，E_dの大きい吸着点の存在とか，吸着第1層と第2層でのE_dの違いなどが考えられるが，現在でも解明されていない．表4.1に示すτ(25℃)もかなり長く，加熱脱ガスが十分ならば更に長いので（定量的に言えないのが残念だが），ブリアース効果の原因に，形はどうあれ，管球型真空計の導管の内壁への油分子の吸着が関与しているという可能性は，十分あるように考えられる．大きなτは超高真空の生成にも関係している（1章参照）．

　拡散ポンプ作動液の油分子のような分子量の大きな分子（分子量400程度）と，真空中の固体表面との動的相互作用は十分解明されているとは言えない．s, τ, τ_0, E_dのような基礎的諸量を知ることも，化学物理学的観点からのみでなく，ブリアース効果の原因を解明するというような，真空技術的観点からも大切であるという一面を持っている．また例えば，小形の分子のτ_0の値は，吸着状態で表面を自由に移動できる場合には1×10^{-13} s程度であり，移動が制限されるにつれて小さくなる．しかし，拡散ポンプ作動液の油分子のような大形の分子では，一般にτ_0の値が小さくなるという傾向が指摘されているが[28]，それを裏付ける資料は十分とは言えない．油分子のE_dが大きいのに表4.1に示すτの値が数秒なのには，τ_0の値の小さいことが寄与している．今後の研究が期待されるとともに，未知の領域が広がっている分野であろう．

〔文　献〕

1) C. R. Burch : Nature, **122** (1928) 729. P. A. Redhead ed.: History of Vacuum Science and Technology, Vol.2, Vacuum Science and Technology;Pioneers of the 20th Century (AIP Press, 1994) p.184 に再録．

2) B. B. Dayton :"Vacuum Science and Technology." P. A. Redhead ed.:前掲書（文献 1)) pp.107-113.
3) C. R. Burch : Proc. Roy. Soc. A **123** (1929) 271.
4) 例えばA. Roth : Vacuum Technology, 2nd ed. (North-Holland, 1982) p.225, Table 5.1参照.
5) J. Blears: Vacuum, **31** (1981) 725.
6) W. Steckelmacher :"Cecil Reginald Burch (1901-1983)," P. A. Redhead ed. : 前掲書 (文献 1)) pp.25-27.
7) C. R. Burch and G. Sykes : J.I.E.E., **77** (1935) 127.
8) J. Strong : Procedures in Experimental Physics (Prentice-Hall, 1938) Chap. 3.
9) J. Blears and R.W. Hill : Rev. Sci. Instrum, **19** (1948) 847.
10) J. Blears : Proc. Roy. Soc., A **188** (1947) 62.
11) J. Blears : J. Sci. Instrum., Suppl. No. 1, Vacuum Physics (Institute of Physics, London, 1951) p.36.
12) J. Blears and J. H. Leck : J. Sci. Instrum., Suppl. No. 1, Vacuum Physics (Institute of Physics, London, 1951) p.20.
13) J. Blears and J. H. Leck : Brit. J. Appl. Phys., **2** (1951) 227.
14) H. G. Tompkins ed. : Dictionary of Terms for Areas of Science and Technology served by The American Vacuum Society, 2nd ed. (American Institute of Physics, 1984).
15) JIS Z 8126-3 1999 真空技術－用語 第3部：真空計及び関連用語.
16) 辻 泰：日本物理学会誌, **22** (1967) 229.
17) A. Farkas and H. W. Melville : Experimental Method in Gas Reactions (Macmillan, 1939)p.89.
18) L. Riddiford : J. Sci. Instrum., **28** (1951) 375.
19) 久武和夫：真空技術, **2** (2) (1951) p.16, 3(4)(1952)p.30.
20) 堀越源一，宮原 昭：真空, **3** (1960) 13.
21) R. A. Haefer and J. Hengevoss : 7th Natl. Symp. Vac. Technol. Trans., AVS (Pergamon Press, 1961) p.67.
22) 松田一久，久武和夫：真空技術, **2** (4) (1952) p.21.
23) G. Hayashi : J. Phys. Soc. Japan, **6** (1951) 413.
24) P. Clausing : Ann. Phys., **7** (1930) 489, 521. Physica, **28** (1962) 298.
25) C. Hayashi : 4th Natl. Vac. Symp. Trans., AVS (Pergamon Press, 1958) p.13.
26) G. Tominaga : Japan. J. Appl. Phys., **4** (1965) 129.
27) G. Tominaga : Third Intern. Symp. on Residual Gases in Electron Tubes and Related Vacuum Systems, Nuovo Cimento, Suppl. Ser. I, **5** (1967) p.274.
28) 高石哲雄：真空, **9** (1966) 175, 228, 274, 310.

5. 真空装置の中の水に気付いたのは誰か？

5.1 テプラー・ポンプの頃

　真空装置の排気過程では水蒸気分圧がなかなか低下せず，その分圧変化が排気の時定数を決めていることをよく経験する．水蒸気を除去するには高温での加熱脱ガスが有効で，超高真空〜極高真空の生成を目標として，十分な加熱脱ガス・排気処理を加えた場合には，残留気体中の主役は水素に変わる．しかし，到達圧力が超高真空〜極高真空領域の装置でも，大気を導入した後，短時間で超高真空〜極高真空にまで排気したい場合には，ふたたび水蒸気の排気が効率を左右することになる．このようにして，水蒸気の排気は真空技術にとって長いつき合いの問題となっている．それでは真空容器の中の水蒸気の存在と，その排気の効率を妨害する役割とは何時頃から気付かれていたのだろうか？

　これが本章のテーマであるが，後述のように気付かれていたのは意外に早く，1800年代の後半と思われる．そのため，全貌を把えることは筆者の手に余るので，真空放電の研究が盛んになった頃の水蒸気への認識と対策，質量分析計を真空の問題に応用して水蒸気の存在を確認した論文[1]とを中心に話をすすめてみたい．

　ホークスビー（F. Hauksbee）が水銀を封入して排気したガラス管の中の発光現象を観察したのが，希薄気体中の放電現象（真空放電）の発見であり，物理の一時代の幕を開けたものとされている（1705年）[2]．真空放電の研究は，ファラデー（M.Faraday）が参入した19世紀中頃までは遅々として進まなかったが，その後急速に進歩し，電子の発見を経て原子物理学へと発展して行った．その過程には真空ポンプの発達が密接に関係していた[3]．ホークスビーの頃はもとより，ファラデーの頃でも真空ポンプは単純なピストン・ポンプで

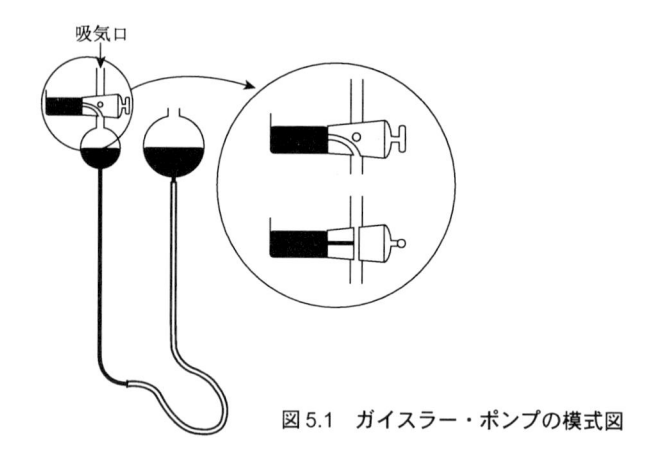

図5.1 ガイスラー・ポンプの模式図

あったから，使用していた材料（真ちゅう，木，皮，油など）により制約されて，到達圧力には限界があった[2,4]．当時でも真空放電の研究には10^{-3} mmHg台の圧力が欲しいと考えられていたようである[4]．その要望に応じたのが，事実上全ガラス製で水銀をピストンとして用いた一連のポンプである．これらのポンプの説明図には良いものが見当たらないので，筆者が科学史関係の文献[5,12]を参考にして作成した図を図5.1と5.2に示す．何分，実際に使用した経験がないので，思わぬところで間違いを犯しているのかも知れないことをご了承いただきたい．また，「コラム　テプラー・ポンプの使い方」には，この種のポンプのうちで最も重要なテプラー・ポンプが紹介されている．

最初に開発されたものは，真空放電の研究を始めたプリュッカー（J. Plücker, それまでは位相幾何学を専門とする数学者であった）が[6]，優れたガラス技術者のガイスラー（J. H. W. Geissler）を得て，1855年に製作したガイスラー・ポンプ（図5.1）である[5]．このポンプはトリチェリ（E. Torriceli）の真空を利用しており，機構はすでに提案されていたというが，ガイスラーはポンプの形にまとめあげ，それを使って，ガラス管への電極の封入に白金を用いた放電管をたくさん供給した．しかし，ガイスラー・ポンプは，まだコックを使っているという弱点を持っていた．この点を改良して，コック無しのポンプを実現するという大進歩を達成したのが，1862年のテプラー（A. J. Töpler）

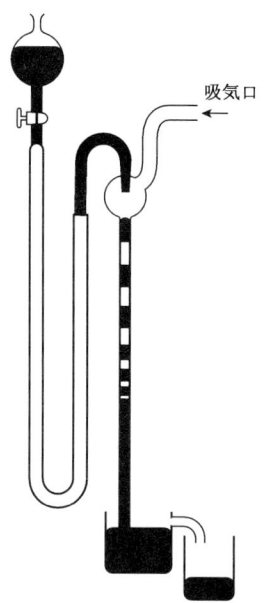

5. 真空装置の中の水に気付いたのは誰か？

図5.2　スプレンゲル・ポンプの模式図

吸気口

のポンプであった．ガイスラー・ポンプで到達できる圧力が8.5×10^{-3} mmHgであったのが，テプラー・ポンプでは1.2×10^{-5} mmHgになったという話もある[5]．圧力測定には，1878年に発表されていたマクラウド（McLeod）真空計[7]が使われていたと思われるから，水銀蒸気，水蒸気，油蒸気などは測定にかかっていない結果であろう．

　テプラー・ポンプは1900年代に入ってからも，排気のみでなく気体の輸送にも使われた有能なポンプであったが，ガイスラー・ポンプも含めて，水銀溜めの上下が大きな作業上の負担になっていた．液体であって比重が13.5（20℃）もある水銀をガラスの中で取り扱うために，ガラスが壊れるのではないかという本能的な恐怖に，常にさらされるという心理的な負担も大きい．実際，水銀溜めを急速に上下すると，慣性のために水銀がガラス管の中で上下に振動したり，管の頂部を衝撃して突き破ったりすることがある．このような事故を防止するため，水銀がガラス管内を移動する速度を制限する工夫もされているが，基本的には水銀の昇降一行程について1分くらいかけないと危険であり，

これがポンプの排気速度を著しく制限してしまうと言われている[8]．水銀溜めの上下には力が必要で，時間がかかるのみでなく回数も非常に多くなるので，上下運動を機械的に行う方法も工夫されている．ベルトと歯車の組合せによる機構（ニーセン–ベッセル-ハーゲン（Neesen and Bessel-Hagen）型）[4]，水圧ポンプを用いる機構（ラップス（Raps）型）などである．ラップス型のテプラー・ポンプは，レントゲン（W.C.Röntgen）がX線を発生させるための管球の排気に使っているが，友人への手紙の中で，「いまだにラップス・ポンプを使っているために排気に数日も要する」と嘆いている[10]．また，論文の中では，実験手法についてほとんど触れることがなかったと言われているトムソン（J. J. Thomson）も，電子の発見に使った装置（すべてではないかも知れない）の主排気には，テプラー・ポンプを使っていたという記録が残っている[5, 11]．

この頃から，高真空側に乾燥剤を入れると，到達圧力が改善されるということが知られていたように思われる．前記のニーセン–ベッセル-ハーゲン型テプラー・ポンプの図は，1906年の教科書から文献4) に引用されているが，それを見るとすでに高真空側に五酸化燐（P_2O_5）の容器がついている．また，装置に多くの金属電極が入っていると，際限なく気体が放出されることも知られていたようである[5]．この場合の気体は大部分水蒸気と一酸化炭素ではなかったろうか．

水銀溜めを上下する回数を極端に減らすことに成功したのは，1873年のスプレンゲル（H. J. P. Sprengel）のポンプ（図 5.2）である[5]．クルックス（W. Crookes）は，1800年代後半の大変優れた実験物理学者と言われているが，スプレンゲル・ポンプをいろいろ改良して使っており，吸気口側には水蒸気吸収のために五酸化燐を使っている[12]．クルックスは，硫酸で濡らした多数のガラス小球をU字管に詰め，それを通して容器を排気することによって硫酸の膜を吸湿に利用したり，気体を二酸化炭素で置換したのち，水酸化カリウム溶液に吸収させて真空を生成するという化学的手法を試みたりしているが，これらは五酸化燐の使用に収束してしまった[12]．

五酸化燐を入れた容器の詳細を知ることのできる資料は手元にないが，ニーセン–ベッセル-ハーゲン型テプラー・ポンプの図[4]では，図5.3（a）のよう

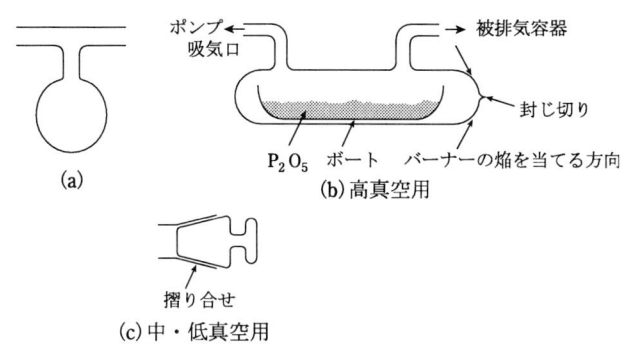

5. 真空装置の中の水に気付いたのは誰か？

図5.3 ポンプの高真空側にとりつけられる五酸化燐の容器
(a)
(b) 高真空用（ポンプ吸気口、被排気容器、封じ切り、P_2O_5、ボート、バーナーの焰を当てる方向）
(c) 中・低真空用（摺り合せ）

な簡単な容器が使われているように見える．クルックスの場合は[12]，筆者の経験も交えて図を見ると，図5.3 (b) のような容器ではないかと考えられる．五酸化燐は粉末状だが，容器に入れたときの巨視的表面が大気に触れると，短時間で潮解して「べとべと」な状態になる．さらに，ガラス細工の時にガス・バーナーの焰から発生する水蒸気とは急速に反応するから，図5.3 (a) のような容器では，装置に取り付ける時に活性が大幅に低下する．そこで図5.3 (b) のように五酸化燐をボートに入れて，ガス・バーナーの焰の影響ができるだけ少ないように注意しながら，容器に封じて使うのが一般的であった．低真空～中真空で試料気体の乾燥に使う場合には，グリースを用いる摺り合せで，図5.3 (c) のように容器に蓋をする形のものが紹介されている[8]．排気の初期に，粉末状の五酸化燐が真空系の中に飛び散ると大変なことになるが，表面が潮解しないで「さらさら」した状態のまま排気開始にまで漕ぎ着けるのは，図5.3 (b) のような容器を使ったとしても，なかなかできなかったように記憶している．また，脱水能力が強いので，紙の上に落したりすると硫酸の場合と同様に紙が黒く焦げるなど，取り扱いにくい薬品である．

このように乾燥剤（特に五酸化燐）による到達圧力の改善が行われていたのは，すでに，残留気体の主要な構成成分が水蒸気であることを認識していたためと思われる．この認識には，真空を生成する主目的が真空放電の研究であったから，放電の色の観察から必然的に到達したものと想像しても良いであろう．なお，余談になるが，ポンプからの水銀蒸気の逆流を防止するため，金箔

のトラップを用いた装置の図も見ることができる[12]．

　排気速度の大きい油回転ポンプや油拡散ポンプが，ポンプの主役を務めるようになってからは，冷却トラップが使われる機会が多くなったこともあってか，乾燥剤を高真空側に入れて到達圧力を改善する方法は後退した．その中で，真空技術の観点から五酸化燐の水蒸気排気効果を調べた珍しい報告が出されている[14]．この実験は，油拡散ポンプで排気している真空系（小形のガラス系と中形のガラスベルジャー系）で行われており，五酸化燐の水蒸気に対する排気速度は，$2\times10^{-5} \sim 5\times10^{-4}$ mmHgの間で，巨視的表面が潮解により液体で覆われているように見える状態で400 $cm^3 \cdot s^{-1} \cdot cm^{-2}$，濡れてはいるが，目立つ程の液状膜では覆われていない場合は，700 $cm^3 \cdot s^{-1} \cdot cm^{-2}$ という結果が得られている．この五酸化燐の有効性は，口径3"の油拡散ポンプで排気しているベルジャーの初期排気曲線（5～15分）から求められた．

　1910～1915年には，ラングミュア（I. Langmuir）が，白熱タングステンその他の高融点金属と気体との反応の研究結果を盛んに発表している．その大要はダッシュマン（S. Dushman）の教科書によって伺い知ることができる[13]．それらの中で，低温（100～200℃）で排気した電球の管球内壁の黒化に関連して，水蒸気の残留を疑っている．水蒸気の役割りを確かめるため，ラングミュアは，電球に取り付けた側管の中に水を入れ，ドライアイスとアセトンの混合液で冷却（-78.5℃）して，水蒸気圧力を4×10^{-4} mmHg程度に保って実験し，黒化の早いことを確かめ，「水蒸気サイクル（water-vapor cycle）」または「水サイクル（water cycle）」と呼ばれる現象の存在を示している．後述のように，質量分析器は発表されていたとは言え，一般的に使われてはいなかったし，化学的な気体分析法も未発達な時代としては，ラングミュアの力量はさすがと言うべきであろう．

5.2　質量分析計の応用

　1950年頃には，真空容器の排気に及ぼす水蒸気の影響は，かなり認識されていたと思われる[15]．しかし，まだ電離真空計の感度係数が，水蒸気に対し

ては異常に大きいのではないかとか,拡散ポンプの排気速度が,水蒸気に対しては異常に小さいのではないかという疑いが持たれており,これらの値を検討するための実験が行われている.その結果は,感度係数[16]にも排気速度[17]にも異常は無く,排気の時定数が異常に大きい原因が,容器壁からの水分子の脱離によるものであるという考えを支持することとなった.ただし,この頃の装置は,組立式(demountable)の物ならば,多くの有機物のガスケットを使っていたし,真空容器内表面に多量の油分子が残っており,リークが存在していた可能性もあるので,排気の時定数の増大の原因が何によっているのか,吸着水分子の脱離がどの程度関与しているのかは,厳密には良くわからない.水蒸気の役割りを過大評価していたという可能性もある.ダッシュマンの教科書[18]の中にも,個々の材料(特にガラス)についての水蒸気の吸着の資料がかなり収録されていて,当時の真空技術においても,水蒸気が重視されていたことの表れであると思われるが,排気曲線との関係を直接検討するまでには至っていない.

1950年に英国のバーミンガム(Birmingham)で真空技術のシンポジウムが開催され,その議事録(プロシーディングス)がJournal of Scientific Instrument

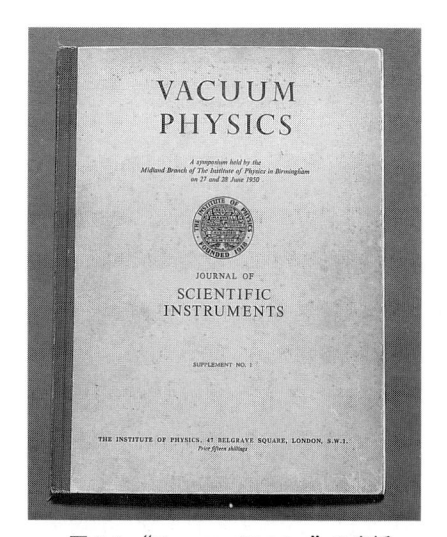

図5.4 "Vacuum Physics"の表紙

の Supplement No.1 "Vacuum Physics" として出版された (図5.4). それ以後, 真空関係のシンポジウムはたくさん開催され, 議事録も数多く出版されているが, "Vacuum Physics" が最初のものではないかと思う. この中にはブリアース (J. Blears) の重要な論文が3編収録されている. そのうちの一編が "Application of the mass spectrometer to high vacuum problems"[1] で, 筆者は, この論文によって真空容器の中の水蒸気の存在が, 多くの研究者を納得させるような形で, 明らかにされたと考えている.

電場と磁場によりイオンを質量/電荷比 ($m/z.m$: イオンの質量, z : イオンの電荷) で分離測定する方法は, 1910年にトムソン (J. J. Thomson) により示された. その原理を発展させて, 現在の磁場偏向型質量分析計に近い形の装置としたのはデンプスター (A. J. Dempster, 1918年), アストン (F. W. Aston, 1919年) らである[19]. 質量分析計 (分析器) は, それ以来広く使われており, 使用者は, 真空の生成と維持に多大の労力を費やしたであろうから, 残留気体の中の水蒸気の多さに気付いていたものと思われる. しかし, 質量分析計を研究手段としている研究者の興味は, 同位体の発見とか原子・分子の質量の精密測定などに向けられており, 残留気体と排気過程との関係というような, 真空技術的観点から分析計を使った例は, 筆者には見当らなかった.

ブリアースは, パイレックスガラスと銅で製作した質量分析計を水銀拡散ポンプで排気する VHV (very high vacuum) 系と, ステンレス鋼または真ちゅうで製作した質量分析計を油拡散ポンプで排気する D (ダイナミック (dynamic), デマウンタブル (demountable)) 系とを作製し, 種々の条件下での残留気体に注目した研究を行った. VHV系は体積3 ℓ, 内表面積2500 cm^2, 水銀拡散ポンプの排気速度5 $\ell \cdot s^{-1}$ で, ガスケットは使用していない. D系は体積4.5 ℓ, 内表面積4000 cm^2, 油拡散ポンプの排気速度20 $\ell \cdot s^{-1}$ で, ガスケット (ゴム, 直径3 mm) の全長は60 cm である.

ブリアースは, 油拡散ポンプ (作動液:アピエゾンC) で排気する, 真ちゅう製のD系の質量スペクトルを例として示している. 質量分析計は磁場偏向型のものと思われるが, 有機物分子とそのフラグメント・イオンがm/z数百まで続いていると記しているので, かなり大型の装置であったことが推定され

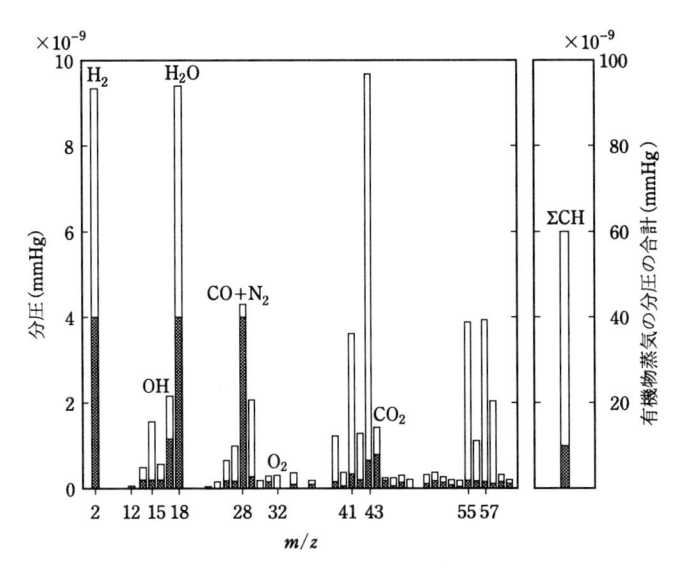

5. 真空装置の中の水に気付いたのは誰か？

図5.5 D系質量分析計の残留気体の質量スペクトル
m：イオンの質量，z：イオンの電荷
トラップ温度：白；20℃，黒；-78℃
排気：油拡散ポンプ
ポンプ作動液：アピエゾンC
真空容器の材質：真ちゅう

る．スペクトル以外に，加熱排気（100℃，48時間以上）してから数週間排気を続けた後の，到達圧力での主要気体の分圧を数値で示しているので，その値を使ってスペクトルに修正を加えたのが図5.5である．グラフの白い部分はトラップ温度が20℃，黒い部分は-78℃の場合を示している．有機物蒸気の分圧の合計（ΣCH）も与えられているので，図の右側に独立に示してあるが，他の気体の分圧よりも半桁くらい大きい．

本章で注目している水蒸気が，他の気体に比べて多いことは図5.5から明らかにわかる．水素も多いが，油蒸気の分解生成物としても発生するためと思われる．しかし，水素は有機物分子のフラグメント・イオンとしても現れるので，気相の水素の分圧は，その点を考慮して割り引いて考えたほうが良いであろう．超高真空～極高真空で問題となる真空容器の壁から放出される水素の量

は，この場合には問題にならないくらい少ないと思うが，ゴムのガスケットからの放出は案外多い可能性がある．

有機物分子とそれらのフラグメント・イオンは，$m/z=15$ 付近に炭素1個（CH_3 など）の化合物，$m/z=29$ 付近に2個（C_2H_5 など），$m/z=41 \sim 43$ 付近に3個（C_3H_5, C_3H_7 など），$m/z=55 \sim 57$ 付近に4個（C_4H_7, C_4H_9, C_4H_{10} など）のものがグループとして現れている．残留気体の場合に油蒸気を起源とする有機物蒸気の分圧を正しく求めるのは，なかなか難しいので，ブリアースの資料も定性的な見方にとどめておいた方が良いであろう．この質量スペクトルは，現在見慣れている超高真空～極高真空の残留気体のスペクトルとは随分異なっている．

ブリアースは，質量スペクトル全体に関してはあまり検討していないが，いくつかのスペクトル成分に着目して，下記のように真空技術の観点から重要な結果を得ている．

(1) 初期排気過程：ステンレス鋼製のD系を大気から排気し，排気開始後 $15 \sim 75$ 分の間の分圧変化を観測した．この初期過程では，空気の成分は全体の0.5％で簡単に排気できるが，水蒸気は70％を占め，残りは主に有機物蒸気であった．その他の成分では，一酸化炭素（水蒸気の3％）と二酸化炭素が目立つ程度であって，初期過程の間では成分比が変らぬまま分圧は約一桁低下した．ブリアースは，成分比が変らぬという発見は，質量分析計を使って初めて観測し得た結果であると強調している．また，真空系内の圧力が低下していく速度（計算値の1/4000）を決めるのは，分子を真空容器内の表面に結合させる力であると，現在に続く認識を示している．

(2) 加熱脱ガス中の残留気体：圧力がほぼ定常に達した真空系（質量分析計）を，トラップ温度を -78℃に保って，100℃ 4時間加熱脱ガスしたところ，有機物蒸気の分圧は減少したが，水蒸気の分圧は低下しなかった．この原因は分圧がトラップの温度に左右されているためで，-78℃のトラップは水蒸気の供給源になってしまっていると考えられている．

(3) 到達圧力：H系，D系を水銀拡散ポンプ，油拡散ポンプで排気し，48時間の加熱脱ガス温度を100℃，250℃，トラップ温度を -170℃，-78℃，室温

などと変えて,到達圧力での分圧を測定している.分圧に影響する因子としては,(a)拡散ポンプの作動液,(b)トラップ温度,(c)装置の構成材料,(d)加熱脱ガス温度,などが考えられる.これらのうち,最も重要なのは脱ガス温度で,可能な限り高温で脱ガスするのが到達圧力の低下に役立つ.冷却トラップを使った系では,最も分圧の高い残留気体成分は水蒸気であることを認めている.また,油回転ポンプの作動油蒸気の高真空側への逆流についても注意しており,除去の困難さについて述べている.

(4) 一酸化炭素の生成:残留水蒸気と,いろいろな原因でタングステン・フィラメントの表面に存在する炭素との反応によって,一酸化炭素が生成される.その状態を,フィラメント温度を変えたり,フィラメントを冷却(室温)後フラッシュ(急速昇温)したりして,分圧測定から確かめている.この場合にも水蒸気が大切な役割りを果している.

(5) 拡散ポンプ油の熱分解:オクトイルS(Octoil S, 炭素系合成油, di-2-ethyl hexyl sebacate)を作動液とする拡散ポンプのボイラーの加熱電力を変えて,高真空側の分圧を観測し,入力が高くなると油が分解して低分子量の有機物蒸気の量が多くなることを確かめている.電離真空計の指度が,ほぼ低分子量有機物の分圧に並行しているので,最適電力の値を決めるのに役立つことを示している.

(6) 表面での気体の反応と置換:真空容器内の表面に吸着していた気体分子が,後から導入された気体分子によって置換されて気相に現れるという現象は,1960年代からいろいろ研究されている[20,21].これは,置換現象が表面現象として興味が持たれるだけでなく,触媒反応の過程のうちでも重要な役割りを果しているからであろう.それらを考えると,ブリアースが金属のフッ化物蒸気の導入により,真空容器内の表面の吸着水分子がフッ化水素として脱離して来ることに注目し,吸着水分子の置換脱離を研究の一部として取り上げたのは卓見と言わねばなるまい.結果は,真空容器に金属のフッ化物蒸気XFを導入すると,まず気相にフッ化水素HFが現れ,時間の経過とともにHFが減少しXFが増加する置換脱離の現象を示している.この論文では置換脱離の機構には触れていない.

このようにして，真空容器内の水蒸気の存在は，質量分析計を真空中の残留気体分析に視点を置いて使うことによって，初めて確信を持って知られるようになり，その挙動も明らかにされて来た．水蒸気の排気は真空容器の急速排気に関係するので，現在に至るまで，多くの解析的，実験的研究が行われているが，現状では，真空容器内の水分子の挙動は，まだ十分に把握されていないように思われる．この小文の主題ではないので簡単に触れるのみとするが，筆者の私見では，その原因は対象となっているのが実用表面であるため，表面状態の同定と実験条件の初期設定がむずかしいこと，電離真空計や質量分析計に，電子源として高温フィラメントを使わざるを得ないことなどのためと考えられる．また，水分子の吸着の進行に時間がかかる，つまり吸着の活性化エネルギーが存在することや，排気に影響を及ぼす吸着状態が，複数存在することなども関係しているのではないかと考えている．
　今後の研究の発展に期待したい．

〔文　献〕

1) J. Blears : J. Sci. Instrum., Supple. No.1,Vacuum Physics (Institute of Physics, London, 1951) p.36.
2) M. J. Sparnaay : Adventures in Vacuums(North- Holland, 1992) pp.33, 52, §6.
3) E. セグレ：X線からクォークまで（久保亮五，矢崎裕二訳，みすず書房,1982）p.7他.
4) E. N. DA C. Andrade : Adv. Vac. Sci. Tech., **1** (1960) pp.14-20. T. E. Madey and W. C. Brown eds.: History of Vacuum Science and Technology (American Institute of Physics, 1984) pp.77-83 に再録.
5) M. J. Sparnaay：前掲書（文献2））§6.
6) E. セグレ：前掲書（文献3））p.16.
7) H. McLeod：Phil. Mag., (1874)110. T. E. Madey and W. C. Brown eds. : 前掲書（文献4））pp.102-105に再録.
8) A. Farkas and H. W. Melville : Experimental Methods in Gas Reaction (Macmillan, 1939) Chap. 3.
9) G. Reich : "Wolfgang Gaede (1878-1945)," P. A. Redhead ed.: History of Vacuum Science and Technology,Vol. 2.　Vacuum Science and Technology ; Pioneers of the 20th Century (AIP Press, 1994) p.43.
10) E. セグレ：前掲書（文献3））p.33.

11) E. A. Davis and I. J. Falconer : J. J. Thomson and the Discovery of the Electron (Taylor and Francis, 1997) p.71.
12) R. K. DeKosky : Ann. Sci., **40** (1983) 1. T. E. Madey and W. C. Brown eds. : 前掲書(文献 4)) pp.84-101 に再録.
13) S. Dushman : Scientific Foundations of Vacuum Technique (John Wiley & Sons, 1949) Chap. 10.
14) C. Hayashi : J. Phys. Soc., Japan, **6** (1951) 414.
15) 柴田英夫, 熊谷寛夫 : 日本物理学会誌, **5** (1950) 190.
16) 小林一夫, 富永五郎 : 生産研究, **1** (1949) 58.
17) 小林一夫, 富永五郎 : 生産研究, **1** (1949) 59.
18) S. Dushman : 前掲書(文献 13)) Chap. 7-10.
19) G. P. Barnard : Modern Mass Spectrometry(The Institute of Physics, London, 1953) Chap. 1.
20) K. Kawasaki, T. Sugita, and I. Ebisawa : Surf. Sci., **7** (1967) 502.
21) X. C. Guo and D. A. King : "Coadsorption of Carbon Monoxide and Hydrogen on Metal Surfaces," D. A. King and D. P. Woodruff eds. : The Chemical Physics of Solid Surfaces, Vol. 6. (Elsevier, 1997).

6. 電離真空計の発振現象の検討

6.1 超高真空の幕開け

ベアード（R.T.Bayard）とアルパート（D.Alpert）がベアード－アルパート（Bayard-Alpert）型電離真空計（B-A真空計）[1]を開発して超高真空測定の道を開いた1950年は，真空技術にとってはもとより，後の表面物理学の発展

表6.1 三極管型電離真空計とB-A真空計の電極の形状と電位

電極	集電子電極 (エレクトロン・コレクタ, グリッド)	集イオン電極 (イオン・コレクタ)	陰極 (電子源, フィラメント)
三極管型電離真空計	グリッド形 ←d→	円筒形 ←D→ D>d	ヘアピン形
B-A真空計	グリッド形	線条形	ヘアピン形 (1本または2本)
電位[*]	120〜180 V	−10〜−30 V	0 V

＊）電位はこの範囲を超えることもある

6. 電離真空計の発振現象の検討

にとっても画期的な年であった．当時の我が国の状況では，電離真空計といえば，ヘアピン形フィラメント（タングステン，熱電子源）の陰極をはさんで，2枚の長方形の平板電極を平行に配置した（後の低真空用のシュルツ-ヘルプス（Shulz-Phelps）型電離真空計[2]を大形にしたような形）フォーゲル（Fogel）型電離真空計[3]が中心であった．現在の副標準用電離真空計VS-1Aのような，中心に陰極（電子源，フィラメント）があり，同軸のグリッド形集電子電極と円筒形集イオン電極を持つ三極管型真空計は，教科書の上での知識としては知っていても，それに似た形の三極管で，海底電線による通信の中継増幅器用に作られたものを標準真空計として使ったり，ごく一部で使われていたりした程度であった．

　三極管型電離真空計とB-A真空計の電極の構造と電位の概要を表6.1と図6.1に示す．B-A真空計は，電離真空計の低圧側測定限界を決めると考えられていた，軟X線効果を小さくするために開発された．その結果，それまで測定できなかった低い圧力を測定することができ，測定可能になった低い圧力領域は超高真空と言われるようになった．また，軟X線効果の存在も確かめる

(a) 三極管型電離真空計　　　　(b) B-A真空計

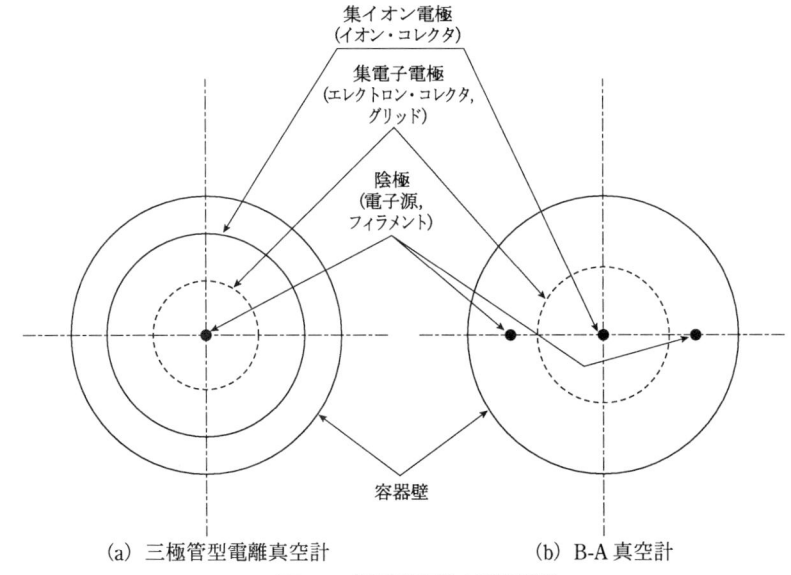

図6.1　電離真空計の電極配置

ことができた．軟X線効果に関する諸問題は，後の8章でまとめて取り上げる．B-A真空計の電極配置は，少なくとも筆者にとっては思いも及ばないもので，これで本当に作動するのかという印象であった．特に陰極の熱フィラメントが集電子電極のグリッドとガラス管球との間に配置されていたのには，管球の温度上昇とか電極配置の非対称性が意識されて，大変落ち着かない気分になったことを覚えている．

　アルパートらは電離真空計を開発したのみでなく，全金属製のバルブを開発し，また，真空ポンプ（ヒックマン・ポンプ）の吸気口から真空計までの範囲の全装置を，オーブンを使って一様に加熱脱ガス（ガラス製のため450℃）するという，現在から見れば当然の操作を行って超高真空を生成し，長時間維持し得ることを示した[4]．全金属製バルブは，現在も使用されている口径10 mmのものの原形であった．筆者も1955年頃に真似をして作ってみた．無酸素銅やコバールなどの個々の材料の調達や，それをフォーミング・ガスと呼ばれる窒素と水素の混合気体を流した管の中で（管の出口で水素を燃やしている），高周波加熱で銀ろう付けするという技術は，板極管などの小～中形送信管の製造技術から借用することができたが[5]，ノーズを支える波板の製作が意外に困難であった．また，ポンプの吸気口からさきの全装置の加熱脱ガスも，テレビの受像管，送信管や撮像管などの特殊な電子管の製造・研究現場では常識的に使用されていたが，物理実験のための装置では，ほとんど行われておらず，アルパートの使用した組立式オーブンも製作費用（相対的に現在よりも高価であった）がかかり過ぎるので，実現することはむずかしかった．アルパートらは，いわば当然行うべきことを行って，超高真空の生成と，その状態の維持とが可能なことを示したのだが，彼らと我々との格差は工業力の差を反映していて，なかなか越え難いものがあった．B-A真空計は彼らの所属していたウェスティングハウス社（Westinghouse Co.）から，WN5966という名称で売り出されていた．

　ベアードとアルパートの研究に刺激されて超高真空の研究が盛んになり，我が国でも特に関西在住の研究者を中心として，真空協会極超高真空研究分科会（まだ日本真空協会ではなかったと思う），応用物理学会極超高真空物理研究会

などが発足した.1960年にはガーマー(L.H.Germer)が後段加速の直視型低速電子線回折装置を携えて,表面物理学の研究に約35年ぶりに復帰し[6]、超高真空〜極高真空の生成と維持が本質的に必要な,原子的清浄表面の作成と評価を伴った本格的な表面物理学の研究が始まった.

　発表以来10年を経過したこの頃までに,B-A真空計も各所で使い込まれ,使用上の問題点に関する報告が次々と発表されるようになった.エーリック(G.Ehrlich)[7],レッドヘッド(P.A.Redhead)[8]の総合報告的な論文に取り上げられている点をまとめて要約すると,(1)気体吸収作用,(2)陰極(主に白熱タングステン・フィラメント)と気体との反応,(3)ガラス製の真空計管球内壁の帯電現象,(4)発振現象などである.このうち(1)と(2)は,電離現象と高温電子源を使用している限り付きまとう問題であり,電離真空計にとっては重要ではあるが常識的な問題点である.(3)は陰極のフィラメントが集電子電極の外側にあるための独特な特性である.ガラス管球の内壁の電位は,通常は陰極と同電位になるが,条件によっては集電子電極に近い電位となり,そのため感度係数が低下するという現象である.異なる電位になる原因は,内壁への電子の流入と二次電子放出との関係,したがって,ガラスの清浄性などを含む表面状態の変化によって生ずるものと思われている[9-11].この問題は,ガラス内壁を酸化すずや金などの伝導性薄膜で被覆し,接地することにより解決された.伝導性被膜は電気的なシールドのために着けてあるのではなくて,重要な役割りを担っているのである.現在では,ガラス管球のB-A真空計を使用する機会は減って来ており,金属製真空容器に裸真空計として直接取り付けることの方が多くなっているので,電離真空計使用上の問題としては小さくなって来ていると考えられる.これらに比べて,(4)の問題は現在でも潜在的に存在していると考えられるので,本章では,この発振現象を取り上げることとした.

6.2　イオン電流の異常と発振現象

　電離真空計の集イオン電極に流れるイオン電流(正電流)が,条件によって

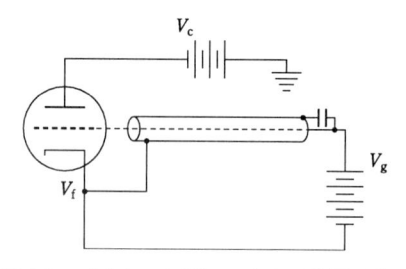

図6.2　バルクハウゼン‐クルツ発振回路の例

　負電流になる現象は，三極管型真空計の場合にダッシュマン（S. Dushman）の著書で指摘されており[12]，バルクハウゼン‐クルツ（Barkhausen–Kurz）発振の発生により，電子が集イオン電極に流入するためであると説明されている．さらに，発振の発生しにくい電極構造を持つ三極管型真空計にまで言及されている．バルクハウゼン‐クルツ発振には，三極管（真空管）を図6.2のように，陰極の電位V_fを基準（0 V）とし，その外側に位置するグリッド（真空計の集電子電極に対応）を高い正の電位V_gに保ち，最も外側の陽極（真空計の集イオン電極に対応）を負の電位V_cとして，三極管型真空計と同様な電位配分で使用する．1920年代に極超短波の発振現象として発表されているが[13]，発振管としては効率が低いため，後に現れたクライストロン（Klystron）などに取って代わられた．現在では1945年頃より以前に出版された著書・文献で知ることができる程度である[14]．発振管と発振作用については次章に説明されている．

　電離真空計では，集電子電極をまたいで電子が何度も往復し（振動し），気体分子をイオン化する機会が多くなることを期待しているので，いわば発振現象につながる現象が起ることを望んでいることになる．発振が強くなると，十分なエネルギーを高周波電場から得た電子が，負の電位の障壁を乗り越えて集イオン電極に流入し，負電流を発生させてしまうと考えられている[15]．そのため，例えば三極管型の副標準電離真空計（VS–1A）では，陰極の電位を0 V（基準）として，集電子電極125 V，集イオン電極 −25 Vとして，集イオン電極の電子に対する障壁を高くして使用することになっている．実際には，イオン電流の測定に直流増幅器を使うので，集イオン電極0 V，集電子電極150 V，

6. 電離真空計の発振現象の検討

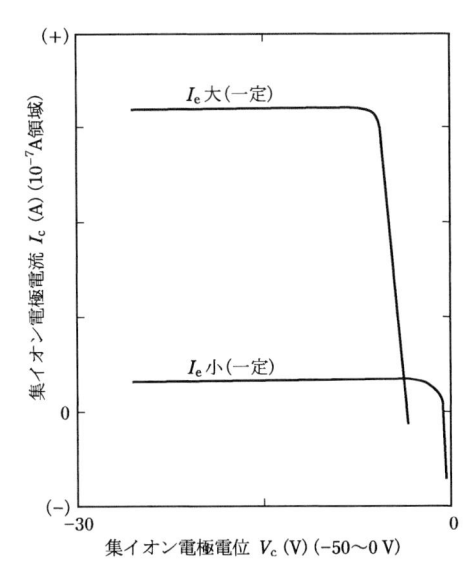

図6.3 B-A真空計の集イオン電極電流特性（概念図）

V_g：集電子電極電位（100～250 V, 固定）
V_f：陰極電位（0 V）
I_e：電子電流（1～10 mA, 固定）

陰極25 Vとして使うことが多い．

　B-A真空計も変形されてはいるが三極管であり，測定対象とする圧力領域が低いのでイオン電流が小さく，集イオン電極に負電流の流れる現象が明確に現れて来る[7, 8, 11, 16]．図6.3は，その様子を概念的に表したもので，圧力は10^{-6} Torr程度，集イオン電極の電位を負側から0 V（陰極の電位）に近付けると，同電極の電流が急に負になる様子を示している[15, 16]．パラメータは電子電流で，電子電流が大きいほど，負電流の発生を阻止するためには，集イオン電極の負電位を大きくする必要がある．B-A真空計の使用条件では，集イオン電極の電位は，負の集イオン電極電流が起らぬような値に決められているはずである．

　B-A真空計の集イオン電極電流が負になっている時には，100 MHz位の周波数を中心とする雑音の発生していることが多いと言われている[15]．発振の

起こる条件はあまり明確に分かってはいない．極端に言えば，B-A真空計で2本の陰極がある場合，どちら側を熱電子源として使用するかによって発振したり，発振が検出できなかったりするということである[7]．また，使用していない側の陰極の電位を集電子電極と同電位にしたり，電子電流を1 mA以下に保てば発振が検出できない場合のあることも示されている．発振している場合の周波数は，電子電流が一定ならば，集電子電極電位の平方根に比例しており，バルクハウゼン-クルツ発振と考えた場合の値に合うという報告がある[8]．集イオン電極電流の負電流が大きくなった場合には，100 MHzくらいから上の発振が起っていることが多いようであるが，低い方では14 MHzくらいでの発振も検出されている[7,8]．もっとも，比較的新しいコンピューター・シミュレーションによると，グリッド周辺での電子の振動は案外発生し難いのではないかという話もある．

このように，B-A真空計での発振現象は，その原因と現象とが明確に分かっているとは言えないが，大体，バルクハウゼン-クルツ発振であるということに意見が一致している．そして，発振はほとんどの場合に起こっているものと思われる．この型の真空計はたくさん使用されているが，使用に際しては陰極と集イオン電極との電位の決め方，強い発振の可能性などについて認識しておくことが必要であろう．

ところで，バルクハウゼンが発振の研究に使った三極真空管は国立科学博物館に展示されていたことがある．戦争を通り抜けて来ているので非常に貴重なもので，筆者が1960年頃に聞いた話の記憶が正しければ，ドイツにあったものの多くは破壊され，日本に運ばれて来たものが一本残っているということである．今回，本稿を書く機会に国立科学博物館を当ってみたら，バルクハウゼンの三極管は故伊藤庸二氏（株式会社光電製作所の創立者）から寄託されていたものであり，展示できなくなったのでご遺族に返却したとのことであった．しかし，次章で取り上げるように，その後幸いにも見学することができた．

〔文　献〕

1) R. T. Bayard and D. Alpert : Rev. Sci. Inetrum., **21** (1950) 571.

2) G. J. Schulz and A. V. Phelps : Rev. Sci. Instrum., **28** (1957) 1051.
3) S. Dushman : Scientific Foundations of Vacuum Technique (John Wiley and Sons, 1949) p.344.
4) D. Alpert : J. Appl. Phys., **24** (1953) 860.
5) W. H. Kohl : Handbook of Materials and Techniques for Vacuum Dervices (Reinhold Pub., 1967)
6) E. J. Scheibner, L. H. Germer, and C. D. Hartman : Rev. Sci. Instrum., **31** (1960) 112.
7) G. Ehrlich : J. Appl. Phys., **32** (1961) 4.
8) P. A. Redhead : 1960 7th Natl. Symp. Vac. Technol. Trans. (Pergamon Press, 1961)p.108.
9) S. Aisenberg : Physical Electronics Conference, M.I.T. (1953).
10) G. Carter and J. H. Leck : Brit. J. Appl. Phys., **10** (1959) 364.
11) 林　主税，小宮宗治：超高真空（日刊工業新聞社，1954）Chap.1.1
12) S. Dushman：前掲書（文献3）p.340
13) H. Barkhausen and K. Kurz : Physik. Z., **21** (1920) 1.
14) F. E. Terman : Radio Engineer's Handbook (McGraw-Hill, 1943) p.521.
15) 兼松 太：学位請求論文「高真空および超高真空技術の基礎に関する研究」(1961年11月).
16) 小宮宗治，高橋延幸，赤石憲也：真空，**5** (1962) 402.

7. バルクハウゼン – クルツ発振管 見学記
― 電離真空計の発振現象解明のルーツ ―

7.1 はじめに

　前章で述べた電離真空計の発振現象は，1920年にバルクハウゼン（H. Barkhausen）が発表した三極管での発振現象と基本的に同等なものである．バルクハウゼンとクルツ（K. Kurz）が電離真空計の実験中に異常な電気的振動が発生するのに気が付き，さらに実験をくり返して研究を行った[1]ことから，正格子三極管の高周波振動現象はバルクハウゼン – クルツ発振と呼ばれている．当時彼等が実験に使用した同種の三極管の多くは第二次世界大戦の戦火でほとんど失われたと推定されるが，その一つが海を渡り日本に現存している．これを所蔵しておられる㈱光電製作所・伊藤良昌氏の御好意により見学する機会を得たので，撮影させて頂いた写真とともにここで紹介する．

7.2　1941年のイースターエッグ

　1941年1月16日，第二次世界大戦下のヨーロッパ戦線視察のため特務艦「浅香丸」で横浜を出航した海軍の技術将校の一行に，海軍技術研究所電気研究部の伊藤庸二中佐（当時）がいた[2]．パナマ運河を経て2月20日にリスボンに到着した後，ドイツおよびヨーロッパ各地の前線見学を行い，独ソ開戦が決定的になって帰国命令が出る6月下旬まで，ドイツの開発したレーダーの技術供与等の業務に時間を割いたということである．この滞在期間中に，伊藤はドレスデン工科大学バルクハウゼン教授を訪れている．これより前，東京帝国大学電気工学科卒業後，海軍に入った伊藤は，1925年から二年半にわたりバルク

7. バルクハウゼン-クルツ発振管　見学記

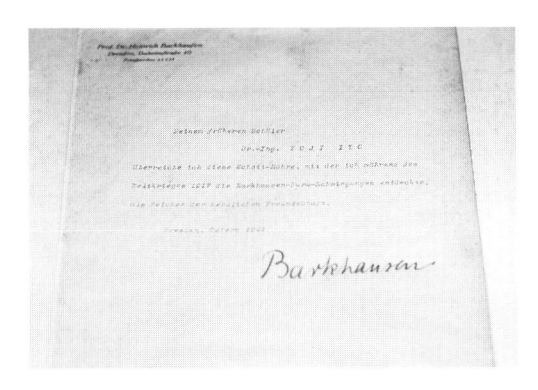

図7.1　バルクハウゼンの手紙

ハウゼンのもとに留学し,「二極真空管理論および超低周波発生」の論文で博士号を取得していた．また，バルクハウゼンの日本招聘（1938年）に関しても奔走している．さて，久し振りに再会し恩師の家に泊めてもらった伊藤は，翌4月14日復活祭の日の朝，枕許にイースターエッグが置かれているのに気が付いた[1]．その中に，

> Meinem früheren Schüler
>
> Dr.-Ing. Yoji Ito
>
> Überreiche ich diese Schott-Röhre, mit der ich während des Weltkrieges 1917 die Barkhausen-Kurz-Schwingungen entdeckte, als Zeichen herzlichen Freundschaft.
>
> Dresden, Ostern 1941
>
> Barkhausen

> 私の教え子．Yoji Ito へ
> この真空管は私からの贈り物です．これを使って，大戦中の1917年にバルクハウゼン－クルツ発振を発見しました．心から喜びをこめて．
> 　　ドレスデン，1941年のイースターに
>
> バルクハウゼン　（抄訳：筆者）

の手紙（図7.1）とともに入っていたのがこのバルクハウゼン－クルツ発振管である．

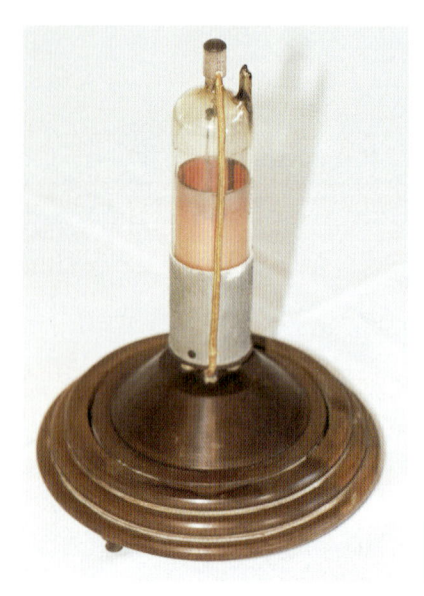

図7.2　バルクハウゼン – クルツ発振管
　　　（直径はおよそ4 cm）

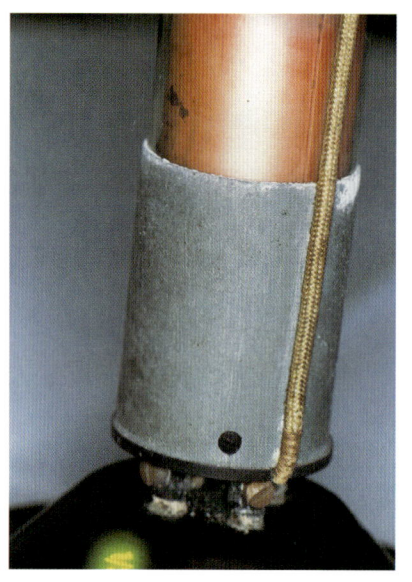

図7.4　絹巻き銅線

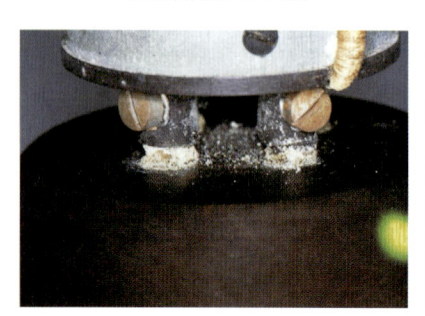

図7.3　電極接続部

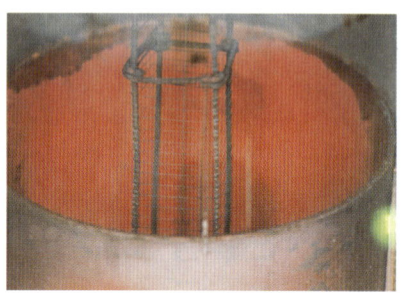

図7.5　グリッド

7.3　1917年の真空管技術

　図7.2に発振管の全景を示す．基部にハーメチック・シールと思える電極が数本，ネジにより支持されている．異種金属接触が避けられないネジ部は腐食している（図7.3）．管上部にフィラメントの一方の電極があり，そこから絹巻

7. バルクハウゼン-クルツ発振管　見学記　　　81

図7.6　グリッド，フィラメント支持部

図7.8　ガラス管表面の文字

図7.7　銅板円筒アノード

図7.9　封じ切り部

き銅線により下部電極部まで通線されている（図7.4）．当時，合成ゴムなどの高分子はまだ一般的でなく，銅線の絶縁被覆はファラデー（M. Faraday）の頃と同様糸を巻くことにより得ていた事が伺える．フィラメントの周りに四本の柱があり，それにグリッドを取り付けてある（図7.5）が，フィラメントおよびグリッドの柱ともガラスの小部品で支持し，それをつる巻きばねにより上方に吊り上げる構造としている（図7.6）．熱膨脹による歪み，あるいは機械的振動などの緩和を考慮してのものであろう．アノードは銅板円筒で，ここには，M 3092の管番号と1.2 A（アンペア）の数値が刻印されている（図7.7）．使

用されている材料や内部の圧力等はこの管を見ただけでは詳細は分からないが，ガラス表面への製造会社名の記入や（図7.8），封じ切り（チップオフ）部の形状（図7.9）などを見ると，現在のものとほとんど同様であり，ガラス製真空管の製造技術は基本的には確立されていたものと推察される．なお，封じ切り部および真空管頭部には，かなり鉛が析出している．封じ切り部の鉛は，作業のときにガス・バーナーの還元炎で還元されて析出したものと思われるから，管球（外囲器）のガラスは鉛の多いものである（鉛の多いガラスは作業性が良い）．しかし，軟質ガラスか硬質ガラスかはわからない．

7.4 バルクハウゼン–クルツ発振

この三極真空管での発振現象は，発振周波数が管内の電子走行距離（時間）に支配され外部の回路定数に依存しないことや，発振に必要な電子集群現象（バンチ，bunching）が空間電荷効果により制御されることが特徴で，バルクハウゼンの発見以来，多くの研究者によりその応用が試みられた．それらは，ほとんどの場合，効率が高くないなどの理由から実用化されなかったが，管内の電子の周期運動，集群現象などの概念は，その後のマグネトロン（1921年ハル（A. Hull））やクライストロン（1937年バリアン兄弟（R. and S. Varian））等，三極型とは異なる構造を持つ高周波電子管の発明に結びついている．

同軸円筒状に並んだカソードK（ゼロ電位），グリッドG（V_g），アノードA（$-V_a$）（各々電離真空計のフィラメント，集電子電極，集イオン電極に対

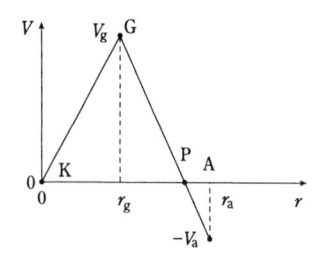

図7.10 平行平板電極モデルでの電位分布

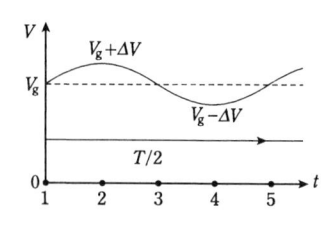

図7.11 仮想的に変調されたグリッド電位

応)で起こる発振の周期Tは,図7.10に示されるような電位分布を持つ平行平板電極構造で近似してバルクハウゼンが求めた(同軸電極間での電子の運動周期は初等関数を用いては解析的には求められない).

これは,K-G, G-P間のそれぞれにおける電子走行時間,

$$t_1 = r_g\sqrt{\frac{2m}{e}}\frac{1}{\sqrt{V_g}}, \quad および \quad t_2 = \frac{r_a - r_g}{V_g + V_a}\sqrt{\frac{2m}{e}}\sqrt{V_g}$$

から,K→G→P(A近傍)→G→Kを往復運動する時間,

$$T = 2(t_1 + t_2) = 2\frac{r_g V_a + r_a V_g}{V_g + V_a}\sqrt{\frac{2m}{e}}\frac{1}{\sqrt{V_g}}$$

を算出したもので[3],実際にこの管の形状にあてはめると実測値より2,3割大きめに算出されるが,周期のグリッド電圧依存性を良く説明していた.なお,実際には,バルクハウゼンは上の式で$V_a = 0$, $r_a = 2r_g$の場合についての計算を行っている.

初速度ゼロでKから放出された電子は残留気体と衝突しなければこの周期でKとPとの間で往復運動を続ける.個々の電子は一往復の間に電極とエネルギーのやり取りをこの周期で行うが,Kからの放出にゆらぎが無く,また,空間的にも一様に分布している限り,電極間の発振現象は起こらない.しかし,仮に,グリッドにTの半分の周期$T/2$を持つ微小な正弦波電圧が図7.11のように重畳したと考えると[4],1の時点でKから放出された電子は,定電圧のみを印加していた場合に比べ,K-G間ではより加速され,逆にG-P間での減速は小さくなり,Aに衝突してしまう.これは,図7.11の1-2, 4-5の領域でKを出発した電子についても同様である.一方,2-3-4で放出された電子については,K-G間での加速が小さくG-P間での減速が大きいため,Gを中心とした振動を行いながらその振幅を減少させていく.つまり,もしGに何らかの微小振動電圧が存在すれば,空間電子分布は集群され,その時間的構造はGとAに対して(Gに電子群が近付く時とAに電子群が近付く時とが)交互のものとなる.これがバルクハウゼン-クルツ発振であり,この発振のエネルギーは電極に印加されている直流電源から得ていることになる.実際には人為的にGに正弦波電圧を印加していないので,Kに於ける電子の放出ゆらぎや,直流

電圧印加時の周波数成分のうち共振成分が成長して発振に至る．なお，後に発明されたクライストロンは，電子の集群を走行電子の速度変調により実現するもので，多少趣を異にする．

7.5 おわりに

　以上，20世紀のマイクロ波通信技術発展の端緒となったバルクハウゼン－クルツ発振管を紹介した．学生のクルツが偶然発見した三極管の異常な発振を，バルクハウゼンが興味を持ち現象の分析に取り組んでいったという過程は，我々に対して，現在も十分に教育的に示唆するものがあると思われる．1938年に日本を訪れたバルクハウゼンは，定められたカリキュラムに沿って進められていく日本の大学を見学して，大学教育に於ける教授や学生の自由のなさを批判し，自発的に思考する練習の場であるべきことを指摘したそうである[3]．単に技術史の面だけでなく，当時のバルクハウゼンと日本人との交流を知る面でも，日本に現存しているこの真空管は大変貴重なものであると考えられる．

〔文　献〕
1) 日本電子機械工業会電子管史研究会編：電子管の歴史（オーム社，1987）．
2) 中川靖造：海軍技術研究所，光人社NF文庫（光人社，1997）．
3) 森田　清：超短波（修教出版，1944）pp. 165 - 168.
4) 香西　寛：極超短波入門，OHM文庫38（オーム社，1953）pp. 173 - 178.

8. 電離真空計の残留電流と逆X線効果

8.1 電離真空計の残留電流

　電離真空計による圧力測定で,低圧側測定限界を決める集イオン電極(イオン・コレクタ)の残留電流は,主として,軟X線効果による擬似イオン電流と,集電子電極(グリッド)表面の吸着分子からの電子刺激脱離イオン(electron stimulated desorption ion, ESD ion)による電流とであることが,知られている.しかし,測定結果を混乱させるという意味では,上記以外にも多くの現象が電離真空計の中で起こっている.それらは,ベアード-アルパート(Bayard-Alpert)型電離真空計(B-A真空計)が提案されて[1,2],超高真空測定用の標準的な真空計としてたくさん使用されるようになり,10年位の使用経験が積まれた1960年頃から,次々と報告されるようになった.6章で取り上げた電離真空計の発振現象もその一例である.
　ここでは,1963年に発表された逆X線効果に関連する事柄を中心に述べてみたい[3].この現象は,実用のB-A真空計では,低圧側測定限界附近の圧力で問題となって来るのみなので,現在ではほとんど注意されていないと思われる.しかし,B-A真空計を普通の条件で使用する限り,必ず付随して来る現象である.

8.2　軟X線効果とその対策

　B-A真空計の開発によって,それまで存在を推定されながら確認されていなかった超高真空の存在が明らかになった[4].同時に,低圧側測定限界が軟X線効果によって決められていることも明らかになった(電子刺激脱離イオンの

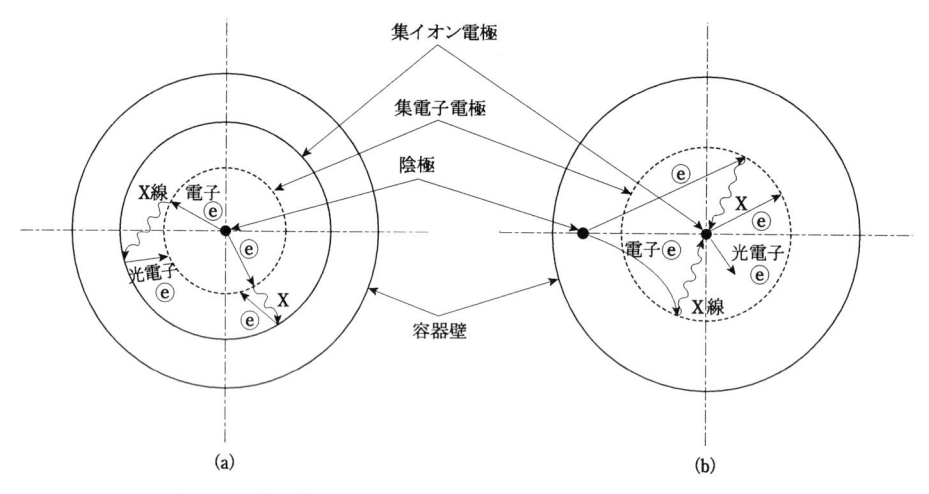

図 8.1 軟 X 線効果による集イオン電極の残留電流 i_r の発生機構
(a) 三極管型電離真空計 (b) B-A 真空計
(注1) 電極構造については 6 章表 6.1 も参照
(注2) 電極の名称については図 8.2 参照

効果については後述する).

軟 X 線効果は，図 8.1 に示すように，(1) 陰極から放出された電子による集電子電極の衝撃，(2) 集電子電極からの軟 X 線の放射，(3) 軟 X 線による集イオン電極の照射，(4) 集イオン電極からの光電子の放出，という過程のうちの (4) が，集イオン電極にとってはイオンの流入と同じ効果となるために擬似イオン電流となり，電離真空計に圧力とは無関係な残留電流が生じる現象である．

この残留電流を低減するには以下のような方法が考えられる[5,6]．(i) X 線の照射する集イオン電極の表面を小さくし，集電子電極上の各点から見込む立体角を小さくする．B-A 真空計はこの代表例である．(ii) 集イオン電極をイオン生成領域の外に出し，集電子電極を直視しないようにする．エキストラクタ真空計はこれに相当する[8]．(iii) 集イオン電極の周囲に，光電子を集イオン電極に追い返すための電極を設ける．ほとんど使われていないが，サプレッサ真空計というものがあった[9,10]．(iv) 電離真空計の感度係数をできるだけ大

8. 電離真空計の残留電流と逆X線効果　　　　　87

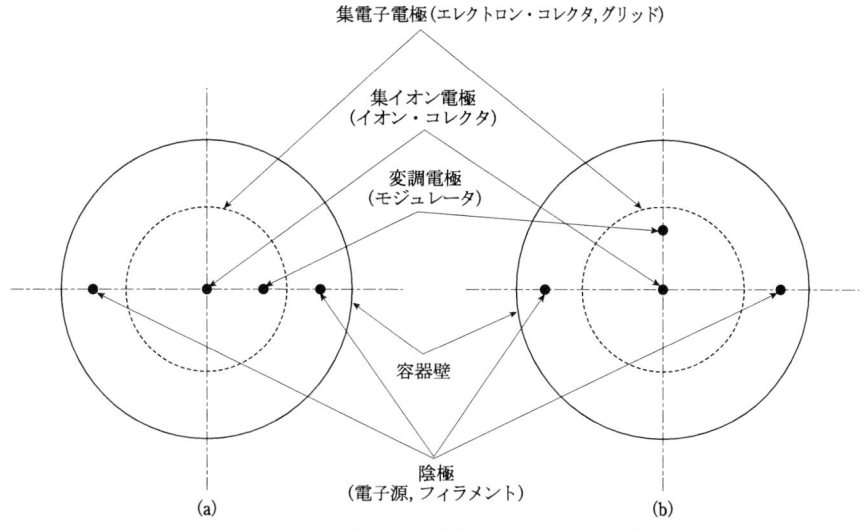

図 8.2　B-A真空計の陰極と変調電極の位置
(a) 陰極と集イオン電極を結ぶ線上に配置
(b) 陰極と集イオン電極を結ぶ線に垂直な線上に配置

きくする．この代表例は，感度係数を $10^4\,\mathrm{Torr}^{-1}$ 程度に高めたオービトロン真空計[6]である．もちろん，一般的に感度係数は大きい方が良い場合が多いので，そのための工夫はいろいろなされている．

　以上のような正統的な方法以外に，B-A真空計を中心として，イオン電流に変調を加える方法が広く用いられている．B-A真空計を例にとれば，図8.2(a)のように，イオン生成領域の中に集イオン電極と同程度の寸法の補助電極を入れて変調電極（モジュレータ）とする方法である[10,11]．変調電極の電位 V_m を集電子電極の電位 V_g に等しくした場合には，変調電極にはイオンが流入しないので，集イオン電極の電流 I_1 は

$$I_1 = i_0 + i_\mathrm{r} \tag{8-1}$$

となる．

　ここで，i_0 は気相で発生したイオン電流で，圧力測定にはこの値を知る必要がある．また，i_r は圧力に無関係な残留電流（さし当り軟X線効果による電流）

である．V_m を集イオン電極の電位 V_c に等しくすると，イオンは変調電極にも流入するので，集イオン電極の電流 I_2 は，

$$I_2 = (1-\beta)i_0 + (1-\varepsilon)i_r \tag{8-2}$$

というように変調を受ける．β と ε を，おのおの i_0 と i_r に関する変調係数という．

変調係数の値は，真空計の電極の形状や電位配分によって決まるが，i_r は変調を受けないと仮定すれば $\varepsilon=0$ であり，β は $i_0 \gg i_r$ の条件を充たす圧力での変調前後の測定値（I'_1 と I'_2）から，

$$\beta = (I'_1 - I'_2)/I'_1 \tag{8-3}$$

として求めることができる．この他，β の値は二つの圧力で変調による集イオン電極電流の変化から求めることもできる[10,11]．β の値が得られていれば，測定したい圧力での I'_1 と I'_2 の値から，i_0 は

$$i_0 = (I_1 - I_2)/\beta \left(= \frac{I'_1}{I'_1 - I'_2}(I_1 - I_2) \right) \tag{8-4}$$

として求まる．また i_r は

$$i_r = I_1 - i_0 \left(= \frac{I'_1 I_2 - I_1 I'_2}{I'_1 - I'_2} \right) \tag{8-5}$$

として求まる．

一般には i_r も少々変調を受けるが（$\varepsilon \neq 0$），詳細は分かっていない[11]．

電離真空計の残留電流には，集電子電極に吸着した分子から電子衝撃により発生する ESD イオンの成分も含まれている．ESD イオンの量は，集電子電極の表面状態，吸着分子の種類，吸着状態などによって大きく異なり，吸着酸素からの O^+ イオンなどでは，軟X線効果による残留電流よりも遥かに大きな電流となることがある[12,13]．ESD は圧力測定の面からのみでなく，表面物理の観点からも広く研究されている．ESD イオンは生成時に数 eV の初期運動エネルギーを持っているので，ESD イオンの効果を除去して圧力測定を行うためには，原理的にはエネルギー分析器を組み込んだ真空計（図1.11参照）を使う必要がある[5,7,14]．しかし，初期運動エネルギーを持つために，変調をほとんど受けないことが分かっているので，変調電極付き B–A 真空計によって測定圧力値から除外することができる[11]．

8.3 変調電極付きB-A真空計に関する思い出

　レッドヘッド（P. A. Redhead）が1966年に発表したエキストラクタ真空計（図1.11参照）は，現在，極高真空の測定用としてたくさん使われているものの原形であったが，集電子電極の直径が26 mm，長さが32 mmもある大きなもので，それに伴ってイオン反射電極も大きかった[8]．筆者も日本真空技術株式会社で試作したものを使ってみたが，脱ガスが大変で閉口した．また，三極管型電離真空計やB-A真空計に比べると，感度係数が電極の電位に比較的敏感であった．当時は電源の安定度が現在よりも低かったということもあって，かなり使いにくい印象であり，レッドヘッドは本当にこの真空計を常用しているのだろうかと思っていた．一方，変調電極付きB-A真空計も1960年には発表されていたので，それらの実用上の相対的位置付けが気になっていた．ちょうど，1968年に米国真空協会のシンポジウムに参加した後，オタワにあるカナダ国立研究協議会（National Research Council of Canada）のレッドヘッドらの研究室（レッドヘッドのほか，ホブソン（J. P. Hobson），コーネルセン（E. V. Kornelsen），アームストロング（R. A. Armstrong）など有力なメンバーが働いていた）に立寄る機会があったので，レッドヘッドにエキストラクタ真空計を使っているかと質問したところ，苦笑いを込めて，専ら変調電極付きB-A真空計を使っているという答えが返って来た．この時，真空計は簡単で扱いやすいものでないと，使用者側に受け入れてもらえないという印象を強く受けた．

　変調電極付きB-A真空計は，構造上の飛躍が少なく簡単なので，筆者もいろいろ実験的に検討してみたが，ここでも大変教訓的な経験にぶつかった．原形に近いB-A真空計では，陰極が集電子電極を挟んで，集電子電極の軸に対して対称に2本配置されている（図8.2 (a)，(b) 参照）．超高真空を生成するのは相当の労力と時間を要するから，一方の陰極のフィラメントが焼損したら，そのまま他方の陰極のフィラメントを使えばよいだろうという考えから出たのかも知れないが，超高真空では事実上タングステン・フィラメントが焼損することはないし，もし何らかの事故で焼損した場合には，真空計が汚れてしまって，そのままでは再び超高真空を生成することができないから，一寸考え

過ぎの構造だったようである.しかし,2本のフィラメントが入っていると,フィラメントを支持する部分を含めて,相互に電子衝撃して脱ガスできるという利点があり,これは超高真空を生成するために有効である.

変調電極を入れるとなると,集電子電極内の場所が問題となる.レッドヘッドの発表しているものは,図8.2 (a) のように,2本の陰極と集イオン電極を結ぶ線上に入っている[10].しかし,2本の陰極を同等に使用するという点からは,図8.2 (b) のように,陰極と集イオン電極とを結ぶ線の垂線上に配置するのも良さそうに思える.筆者もこのような考え方をして,図8.2 (b) のような変調電極付きB–A真空計を試作したことがあった.ところが,実験をすすめていくと,この真空計では変調係数が負になったりする不都合のあることが明らかとなった.原因を確かめないまま実験を打ち切ってしまったので,今でも心のどこかに引掛っている.レッドヘッドらもこのような電極配置の実験をやっていて,その結果図8.2 (a) の配置のみを発表していたのではないだろうか.こういう技術的要素の多い論文では,表に出ている結果の裏に多くの知見が埋もれている可能性があることを,改めて考えさせられた.このために,変調電極付きB–A真空計の実験は,筆者にとって忘れることのできないものと

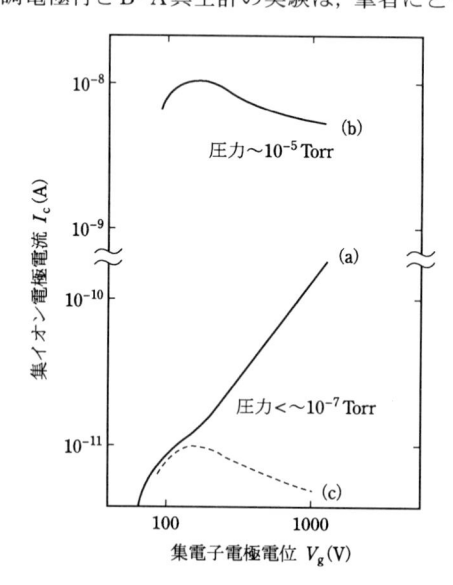

図8.3 集イオン電極電流の集電子電極電位依存性(概念図)

V_c:集イオン電極電位(0 V)
V_f:陰極電位 (10〜30 V,固定)
I_c:集イオン電極電流,$I = i_0 + i_r$

なっている．なお，図8.2 (a) の電極配置でも，脱ガスのために2本の陰極を相互に電子衝撃することに支障はなかった．最近のB-A真空計は，大体陰極のフィラメントが1本であるが，フィラメントを支持している部分の脱ガスは十分できているのだろうか．

8.4 逆X線効果

B-A真空計で軟X線効果による残留電流 i_r を測定する方法はレッドヘッドによってまとめられている[5]．一例としては図8.3に概念的に示すように，できるだけ低い圧力のところで，集電子電極の電位 V_g を変えて集イオン電極電流 I_c を測定し（図8.3 (a) 曲線，陰極の電位 V_f 一定，電子電流 I_e 一定，集イオン電極の電位 V_c (0 V)），この曲線から，高い圧力で測定した気相イオンの曲線（図8.3 (b) 曲線，$i_0 \gg i_r$）を使って推定したイオン電流（図8.3 (c) 曲線）を差し引くという操作を行う．この方法は，V_g を高くして行くと集電子電極からのガス放出速度が変化し，それが落ち付くのに時間がかかり，その間に系全体の真空の条件が変ることがあるなど，測定には相当の労力を要する．一方，変調電極付きB-A真空計では，気相のイオン電流 i_0 を求めることができるので，軟X線効果による残留電流 i_r は8.2で述べたように $i_r = I_1 - i_0$ として，比較的簡単に求まる．

このようにして i_r を求めてみると，B-A真空計の使用条件によって i_r が変化する場合のあることが認められ，1963年に発表された[3]．最初のきっかけは，B-A真空計を裸真空計として真空容器に取り付けた場合，真空計の周囲に金属製の筒（アース電位）をかぶせておくと，i_r は一般に 1×10^{-12} Torr 相当以下の小さい値であったのが，筒を取り去って本当の裸真空計にすると，i_r は約 2×10^{-11} Torr 相当に増加したという発見であった．その頃までは，真空計は，ほとんどすべてガラス管球入りの形で使われていたので，遠く離れた周囲の壁の影響は気付かれていなかったのである．

真空容器の内壁（管球の内壁，裸真空計付近の内壁など）を考慮に入れると，図8.4のように，(1) 陰極からの電子による集電子電極の衝撃，(2) 集電

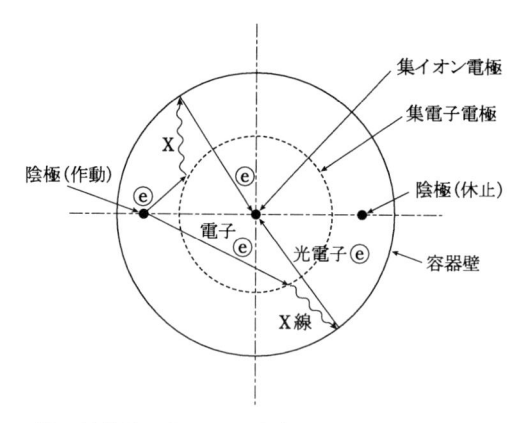

図 8.4 逆X線効果によるB–A真空計の集イオン電極への光電子流入機構

子電極からの軟X線の放射，(3) 軟X線による真空容器内壁の照射，(4) 内壁からの光電子の放出，(5) 集イオン電極への光電子の入射，という過程の存在することが考えられる．この過程は逆X線効果（inverse X-ray effect）と呼ばれている[3,10]．逆X線効果は集イオン電極に光電子が流入する現象であり，通常の軟X線効果は集イオン電極から光電子が放出される現象だから，集イオン電極の残留電流 i_r の値は，それらの差し引きとなる．

前記の i_r が 1×10^{-12} Torr 相当から 2×10^{-11} Torr 相当に変った現象は，真空計の周囲の金属製の筒を取り去ることにより，逆X線効果が減少したためと思われる．真空計がガラス管球の形になっていると，多くの場合[3]ガラス内壁が陰極と同じ電位になるので，内壁から放出された光電子が集イオン電極に入りにくい．

逆X線効果を調べるために，内壁を伝導性薄膜で被覆したガラス管球（球形，500 cm^3）に封じた変調電極付きB–A真空計（レッドヘッド，ホブソンらの研究室の標準的真空計[10]）によって，管球内壁の電位 V_B を変えて測定が行われている．結果の一般的な傾向は概念的に図 8.5 に示すようになる[10]．

この図は，集イオン電極の電位 V_c (0 V) を基準とし，集電子電極の電位 V_g をパラメータとして，V_B を変えて集イオン電極の残留電流 i_r を測定したものである．管壁からの光電子が集イオン電極に達する量は少ないが，集電子電極

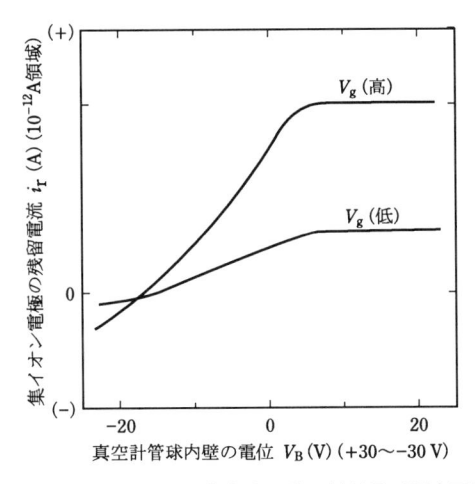

図 8.5　B-A真空計の逆X線効果（概念図）
V_g：集電子電極電位（100～250 V，固定）
V_f：陰極電位（10～50 V，固定）
V_c：集イオン電極電位（0 V）

からの軟X線が管壁を照射する量が多いので，逆X線効果の影響が条件によっては大きく現れて来る．

逆X線効果による集イオン電極の残留電流は，変調電極の電位に大きく影響される[10]．そのため，変調電極付きB-A真空計でも，安定な測定のためには V_B を数Vの正電位に保つことが有効であると言われている[10,11]．

図8.5を見ると，V_B を適当な値にすれば，実効的に $i_r=0$ にすることが可能なように思える．しかし，実際には，容器内壁表面の光電子放出効率を一定に保つのが困難なので，実用的ではない[7]．表面状態の影響を受ける現象は，不安定であって，定量性が重要なときは実用上使えないことが多い．逆X線効果による集イオン電極の残留電流は (a) 真空計を取り囲む容器の形状，(b) 集イオン電極と容器内壁間の電位差，(c) 集電子電極と陰極間の電位差，(d) 集イオン電極の形状，(e) 集電子電極の形状，(f) 容器と集電子電極の材質，(g) 真空計の清浄度，などに影響されるといわれている[3]．

なお，B-A真空計を裸真空計として使用する場合には，真空容器の内壁と電極との間隔が感度係数に影響する．間隔が狭い場合，例えば側管の中に入れ

た場合の方が，広い空間に直接入れた場合よりも感度係数が大きくなる．したがって，校正時と同じ寸法の管の中にセットしないと，正しい圧力の値を得られない．

　B-A真空計での測定を乱すさまざまな効果に比べて，逆X線効果は特に大きいとは言えない．そのため，現在では一般的に忘れられているように感じられる．しかし，B-A真空計には常につきまとっている現象なので，6章に述べた発振現象とともに，真空計の使用者が存在を覚えて置いても良いものであろう．

〔文　献〕

1) R. T. Bayard and D. Alpert : Rev. Sci. Instrum., **21** (1950) 571.
2) D. Alpert : J. Appl. Phys., **24** (1953) 860.
3) W. H. Hayward, R. L. Jepsen and P. A. Redhead : 1963 Trans. 10th Natl. Vac. Symp. A. V. S. (Macmillan, 1964) p.228.
4) P. A. Redhead : "The Quest for Ultrahigh Vacuum," P. A. Redhead ed. :History of Vacuum Science and Technology, Vol. 2, Vacuum Science and Technology ; Pioneer of the 20th Century (AIP Press, 1994) pp.133-143.
5) P. A. Redhead : "Ultrahigh and Extreme High Vacuum," J. M. Lafferty ed. : Foundations of Vacuum Science and Technology (John Wiley & Sons, 1997) Chap. 11.
6) J. H. Leck : Total and Partial Pressure Measurement in Vacuum Systems (Blackie, 1989) Chap. 3.
7) R. N. Peacock : "Ultrahigh and Extreme High Vacuum," J. M. Lafferty ed. : 前掲書（文献5)) Chap. 6.
8) P. A. Redhead : J. Vac. Sci. Technol., **3** (1966) 173.
9) W. C. Schuemann : Rev. Sci. Instrum., **34** (1963) 700.
10) P. A. Redhead and J. P. Hobson: Brit. J. Appl. Phys., **16** (1965) 1555.
11) P. A. Redhead, J. P. Hobson, and E. V. Kornelsen : The Physical Basis of Ultrahigh Vacuum (Chapman and Hall, 1968. American Institute of Physics, 1993) (富永五郎，辻 泰訳：超高真空の物理（岩波書店，1977)) Chap. 8.
12) P. A. Redhead, J. P. Hobson, and E. V. Kornelsen : 前掲書（文献11)) Chap. 7.
13) W. C. Schuemann, J. L. de Segovia, and D. Alpert : 1963 Trans. 10th Natl. Vac. Symp. A. V. S. (Macmilan, 1964) p. 223.
14) 秋道 斉，荒井孝夫，田中智成，高橋直樹，黒川裕次郎，竹内協子，辻 泰，荒井一郎：真空，**40** (1997) 780.

9. 真空ポンプの排気速度測定とテスト・ドーム

9.1 排気速度測定へのテスト・ドームの導入

　バーチ（C. R. Burch）によって，分子蒸溜した蒸気圧の低い油を，水銀に代わって拡散ポンプの作動液に使用できることが示されてから[1]，油拡散ポンプが多くの用途に用いられるようになった（4章参照）．油は水銀と違って金属と反応することがないため，油拡散ポンプでは構造材料の選択範囲が広い．また，水銀拡散ポンプよりも大きな排気速度を得ることができる．そのため，油拡散ポンプは有用な高真空ポンプとなり，分子ポンプ，クライオポンプ，スパッタ・イオン・ポンプなどが一般的となった現在でも，一部では使われ続けている．特に，1935年頃から大形化して来たサイクロトロンを始めとする加速器の排気には[2]，主ポンプとして多数使用された．

　1940年頃までには油拡散ポンプの大形化が進み，また，電球や電子管製造など工業的な目的への応用も盛んになった．さらに，ポンプ自体の研究も進んで，ポンプの能率を表す値として，後にホー（Ho）の係数と呼ばれる値がスピード・ファクター（speed factor）という形でホー（T. L. Ho）によって提案された[3]．この係数は，ポンプ容器の内壁とノズルの外縁との間のリング状の隙間（図9.1参照）の面積Aが，理想的なポンプ作用を持っているとした時の排気速度S_0と，実測の排気速度Sとの比S/S_0である．S_0は気体分子の平均速度を$\bar{v}$とすれば$S_0=\bar{v}A/4$となる．

　1940年代までは，ポンプの排気速度測定は図9.1のようにポンプに蓋をし，その蓋に気体流入口と真空計とを取り付けるという構成で行われていた．ホーは，この方法では正しい排気速度を測定できないことに気付き，気体流入口と真空計とをポンプの吸気口から離れたところに置き，それらとポンプとの間の

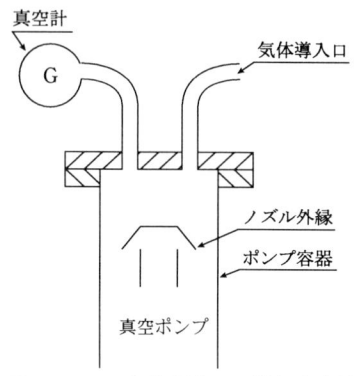

図 9.1　1940 年代頃までの排気速度測定系

コンダクタンスの補正を行うことを提案している[4]．しかし，この段階では，気体流入口と真空計との相対位置の重要性はまだ注目されていないし，テスト・ドームの概念も導入されていない．

　排気速度測定に種々の形状のテスト・ドームを使用し，それらの影響を調べているのは，1948 年のデイトン（B.B.Dayton）の論文"Measurement and Comparison of Pumping Speeds"である[4]．この論文は米国での高真空シンポジウム（High Vacuum Symposium, Oct. 30〜31, 1947, Cambridge, Mass.）に提出され，後に Industrial and Engineering Chemistry に掲載されたものであることが，ダッシュマン（S.Dushman）の著書に紹介されている[5]．論文内容の約 40％がテスト・ドーム関係の事柄であるが，全体の構成が少々煩雑なので筆者の観点で整理して以下に紹介したい．

　真空容器を排気するような通常のポンプの使用状態では，多くの場合，気体分子はすべての方向から余弦法則に従ってポンプの吸気口に入って来る．この中の幾分かは，ポンプ容器の内壁やノズル系に衝突し，油蒸気の噴流（ジェット（jet））による排気作用を受けずに，再び吸気口を通ってポンプの外に戻って行く．ところが，気体が図 9.1 のように導入されると，気体導入口から出る気体分子の方向分布は余弦法則から外れて噴出方向に鋭くなっており，このビーム効果のために，導入された分子が空間に広がらずに油分子の噴流に入射してしまう．したがって，ポンプの吸気口の方向に戻る分子が少なくなり，真

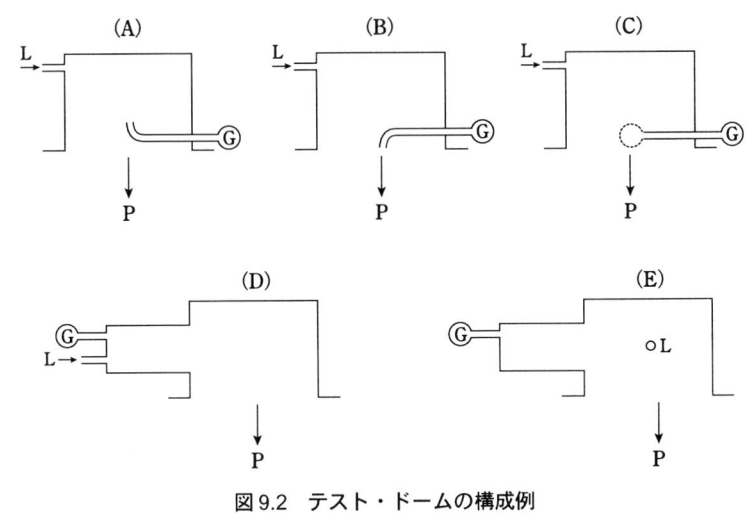

9. 真空ポンプの排気速度測定とテスト・ドーム

図9.2 テスト・ドームの構成例
P：真空ポンプ（被試験ポンプ）
G：真空計
L：気体導入口

空計の読みは低い圧力を与えるようになる．実測の排気速度Sは，気体流入速度をQ，真空計の示す圧力をpとすれば$S=Q/p$で与えられるので，このようにpの値が低く出るとSの値はポンプが実際の使用条件で発揮できる値よりも大きくなる．

通常使用される際のポンプの状態をシミュレートするために，デイトンは，ポンプ・ケース（容器）の直径または，それ以上の直径を持ち，少なくとも直径と等しい高さを持つテスト・ドームを使用することを考えた．また，気体分子が散乱されてドームの天井付近で一様な分布になるように，気体導入口はドームの側面の天井近くに設けると良いとした．

当時の電離真空計は，すべてガラス管球に封じられており，それに導管が付いたものであったので，テスト・ドーム内での導管の長さと切り口の向きとが圧力の測定値に大きく影響していた．デイトンは口径4インチのポンプと，同径のテスト・ドームを使用し，気体導入口と真空計導管の口との位置を変えて排気速度（空気に対する値）を求めた．デイトンのテスト・ドームの図には，

表9.1 テスト・ドームの構成と排気速度測定値

テスト・ドーム (図9.2)	真空計導管 位置	真空計導管 開口方向	気体導入口の位置	排気速度測定($\ell\cdot s^{-1}$)	排気速度測定値の比
A	側壁下部	天井	側壁上部	$S_A=150$	$S_A/S_C=0.65$
B	側壁下部	ポンプ	側壁上部	$S_B=280$	$S_B/S_C=1.22$
C	側壁下部	ドームの中心軸	側壁上部	$S_C=230$	$S_C/S_C=1.00$
D	側壁に付けた短管の封止端板	ドームの中心軸	側壁に付けた短管の封止端板	$S_D=160$	$S_D/S_C=0.70$
E	側壁に付けた短管の封止端板	ドームの中心軸	側壁中央部	$S_E=240$	$S_E/S_C=1.04$

各部の寸法が入っていないし，全体として定性的な図であるが，大略図9.2のようになっている．得られた結果をまとめると，表9.1に示すようになる．原論文には，図9.2（C）で真空計導管の口を囲んでいる点線についての説明が無いが，筆者は球形の網がついているものと思っている．真空計導管の開口方向と気体導入方向で，円筒形のテスト・ドームの中心軸に向っているものは，導管の軸や気体導入方向がドームの中心軸と直交するように向いていると考えてよいであろう．表9.1には実験結果からデイトンが推奨している排気速度測定法（後述）に比較的近いテスト・ドーム（C）で得た排気速度（$S_C=230\ \ell\cdot s^{-1}$）と，各テスト・ドームで得た排気速度（$S_A\sim S_E$）の比を示してある．

一連の実験結果から，デイトンは標準的なテスト・ドームの構成としては，気体導入口はドームの天井付近の側壁上に，気体分子が対向する壁面に向って放出されるように設けるか，または，スクリーンやバッフルを用いて，導入気体分子をドームの天井付近で散乱させるようにすることを推奨している．真空計導管の口は，ドームの下部でポンプの吸気口に近いところとし，気体導入口と直角にドーム半径の約1/3中に入ったところに設けることを勧めている．また，導管の口は，対向するドーム内壁に向けるものとしている．

図9.2の結果は，排気速度の測定には合理的に構成されたテスト・ドームが必要なことを示すものとして，多くの著書・文献で参照されることになった．論文の中で，標準的なテスト・ドームを使用すれば，油拡散ポンプのホーの係数はせいぜい0.45で，それ以上にはならないことも紹介している．筆者は，こ

の1948年のデイトンの論文が,はっきりとした目的を持って,真空ポンプの排気速度測定にテスト・ドームを導入した最初のものではないかと思っている.

先にも述べたように,分子流条件が成立している圧力領域でも,気体導入口を出る分子の方向分布が余弦法則から外れてビーム状になることが,排気速度測定に大きな影響を及ぼしている.この現象には,クラウジング(P. Clausing)による計算があり,その他にも実験的研究のあることが,デイトンの論文[4,5]中にも図入りで紹介されている.後に1956年には,デイトン自身もこの問題を取り上げ,管の入口と出口のそれぞれにおける分子の放出の方向分布を解析的に得ている[6].現在では,これは分子流のモンテカルロ計算の良い例題となっており,日本真空協会の夏季大学でも毎回取り上げられている[7].

1955年に米国真空協会(American Vacuum Society)はデイトンを標準・用語委員会の委員長として,油拡散ポンプの排気速度測定法を定めている[8].この規格では,テスト・ドームの口径Dをポンプの吸気口の直径に等しくとり,高さは1.5Dとし,気体はドームの天井に向けて導入し,その導入口の位置はドームの開口から1.0Dにするなど,真空計の位置以外は現在の規格(9.2参照)とほぼ同じになっている.また,この段階では,真空計の位置はポンプの吸気口から0.25D上ったところと規定されている.なお,排気速度測定に関するデイトンの研究としては,1963年にクライオポンプについての労作が発表されている[9].

9.2 現在の規格

現在の真空ポンプの排気速度測定法(ISO, JIS, DIN, PENUROPなど)[10,11]の例としてJISの規格を取り上げると,図9.3に示すような構成のテスト・ドームを使用することになっている[11].他の規格でも本質的には同じである.Dは(例外規定はあるが)ポンプの吸気口の直径に等しくすることになっている.

排気速度測定の理想的な条件を考えるとすれば,ポンプの吸気口付近での圧力勾配の影響を避け,さらに吸気口に入る分子の方向分布が余弦法則に従うよ

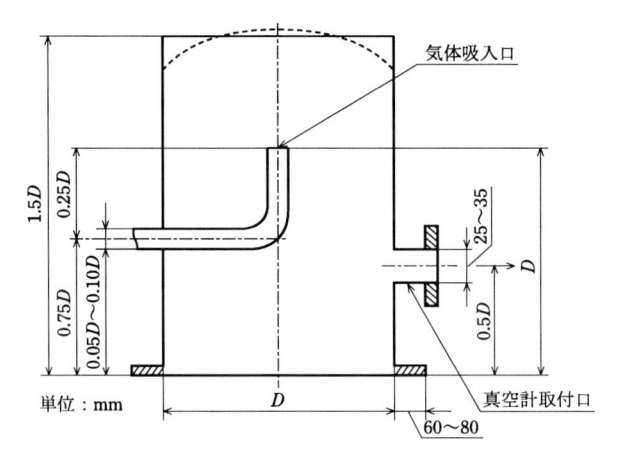

図9.3 JIS規格のテスト・ドーム[11]

うにするため，無限に大きいテスト・ドームを用い，吸気口から遠いところで圧力を測定するということになるであろう．有限な大きさを持つテスト・ドームを使った場合に，測定結果を理想的条件で得られる結果に近付けるには，ポンプの吸気口（ドームとの接合面）での気体分子の入射頻度と等しい入射頻度を示すドーム内壁の位置を選び，そこで圧力を測定すればよい[12]．ISOを始めとする規格では，この考え方を採用しており，JISもそれにならっている．そのための圧力測定位置は，主としてモンテカルロ法で検討されており[11-13]，その結果が，ポンプの吸気口とドームとの接合面から$0.5D$のところとして規格に反映されている[11]．

9.3 デイトン博士と日本真空協会

　油拡散ポンプの排気速度測定にテスト・ドームを導入することによって，その後の真空ポンプの排気速度測定法に大きな役割りを果たしたデイトン博士は，日本真空協会と縁が深い．
　第二次世界大戦後，我が国の真空研究者・技術者が世界の学界に参入し始めた頃に，デイトン博士は惜しみない援助を与えて下さり，日本真空協会発足時

9. 真空ポンプの排気速度測定とテスト・ドーム

(最初は日本が無く「真空協会」と称していた)の主要メンバーとなった人々との間に,強い結び付きができた.協会は感謝の意を込めて1964年の創立十周年の記念式典に招待し,名誉会員に推薦した.この頃の事情については,筆者よりも一世代上の方々が詳しいと思うが,以下に同博士について知っている範囲で簡単に紹介したい.

1960年頃,デイトン博士はフィルム・メーカーのイーストマン・コダック社 (Eastman Kodack Co.) の子会社であるディスティレーション・プロダクト社 (Distillation Product Co.) に所属して,ロチェスター (Rochester) 在住であった.この会社はコンソリデーテッド・バキューム社 (Consolidated Vacuum Co.),ベンディックス社 (Bendix Co.) に吸収されていった.その後,比較的早い時期に退職され,ノースカロライナ (North Carolina) に移り住まれた.80才を過ぎた頃でも,なお,真空装置のガス放出の機構などについての考察を続けられた.1997年に出版された文献10)の真空科学・技術の教科書の中では,「気体分子運動論」と「拡散ポンプ,拡散エジェクタ・ポンプ」の章を執筆されてい

デイトン博士と筆者(左)
第33回米国真空協会シンポジウム
(1986年10月,バルチモア (Baltimore))

る．夫人は詩人で，何冊かの詩集や小説の著書がある．夫人によれば，デイトン博士の趣味は理論物理学の問題を考えることだそうで，Physical Review で地下室が一杯だという話であった．大変な勉強家で，引退してしばらく経ってから家を離れて大学院の学生となり，課程を修了して博士号を取得されたということである．

デイトン博士に親切に世話して頂いた方は多いと思うが，筆者も懇切に口頭発表の方法について教えて頂いたことがある．常に黒のスーツを着用されており，謹厳な態度を崩されたことがない．真空関係の論文としては，本章の中心となったもの[4]のほか，主なものは，真空ポンプ関係[9,14,15]，材料からの気体放出関係[16-19]，管を通る流れ関係[6]，などがある．それらの多くが10頁を超える論文であり50～100にも及ぶ多数の式を含んでいる．また，緒論での他の研究の紹介が精密で辛口である．デイトン博士の広い研究範囲を示すために，本章では〔文献〕の中に題目を入れてある．

なお，真空協会の10周年記念事業については，「真空」**8**（2）（1965）が特集号となっており，デイトン博士はこの時の来日で2回の講演をされている[20,21]．

〔文 献〕
1) C.R.Burch : "Oils. Greases and High Vacua." Nature, **122** (1928) 729.
2) E. セグレ：X線からクォークまで（久保亮五，矢崎裕二訳，みすず書房，1982）．
3) T. L. Ho : "Speed, Speed Factor and Power Input of Different Designs of Diffusion Pumps, and Remarks on Measurements of Speed," Physics, **2** (1932) 386-395.
4) B. B. Dayton :"Measurement and Comparison of Pumping Speeds," Ind. Eng. Chem., **40** (1948) 795- 803.
5) S. Dushman : Scientific Foundations of Vacuum Technique (John Wiley & Sons, 1949) p.166.
6) B. B. Dayton : "Gas Flow Patterns at Entrance and Exit of Cylindrical Tubes," 1956 Trans. 3rd. Natl. Vac. Symp. (Pergamon Press, 1957) pp.5-10.
7) 例えば，祐延 悟：「画像でみる真空工学」第41回 真空夏季大学テキスト（日本真空協会，2001）pp.105-124.
8) B. B. Dayton and Committee : "Standards for Performance Ratings of Vapor Pumps," 1955 Trans. 2nd Natl. Symp. (American Vacuum Soc., 1955) pp.91-95.
9) W. W. Stickney and B. B. Dayton : "The Measurement of the Speed of Cryopumps,"

1963 Trans. 10th Natl. Symp. A.V.S. (Mcmillan, 1963) pp.105-116.
10) K. Jousten : "Calibration and Standards," J. M.Lafferty, ed. : Foundations of Vacuum Science and Technology (John Wiley and Sons, 1997) pp.692-695.
11) JIS B 8317-1: 1999「蒸気噴射ポンプ－性能試験方法－第1部：体積流量（排気速度）の測定」図1.
12) E.Fischer and H.Mommsen : "Monte Carlo Computations on Molecular Flow in Pumping Speed Test Domes," Vacuum **17** (1967) 309-315.
13) 岡野達雄，中山光康：「モンテカルロ法による分子流解析の基礎」日本真空協会昭和61年2月研究例会「真空中での流れのシミュレーション」予稿集（日本真空協会，1986）pp.1-12.
14) B. B. Dayton : "The Speed of Oil and Mercury Diffusion Pumps for Hydrogen, Helium, and Deuterium," Rev. Sci. Instrum., **19** (1948) 793-803.
15) B. B. Dayton : "Problems in Vacuum Physics Influencing the Development of Standard Measuring Techniques," Proc. 4th Int. Vac. Congr., Pt. 1 (Inst. Phys. 1968) pp.57-66.
16) B. B. Dayton : "Relations Between Size of Vacuum Chamber, Outgassing Rate, and Required Pumping Speed," 1959 Trans. 6th Natl. Vac. Symp. A.V.S. (Pergamon, 1959) pp.101-119.
17) B. B. Dayton : "Outgassing Rate of Contaminated Metal Surfaces," 1961 Trans. 8th Natl. Vac. Symp. A.V.S. (Pergamon, 1962) pp.42-57.
18) B. B. Dayton : "The Effect of Bake-out on the Degassing of Metals," 1962 Trans. 9th Natl. Vac. Symp. A.V.S. (Mcmillan, 1962) pp.293-300.
19) B. B. Dayton : "Outgassing Rate of Preconditioned Vacuum Systems after Short Exposure to the Atmosphere : Outgassing Rate Measurings on Viton-A and Copper," J. Vac. Sci. Technol., A**13** (1995) 451-461.
20) B. B. デイトン：「"理想ポンプ"の実測排気速度」真空, **8** (1965) 15-21.
21) B. B. デイトン：「完全真空の不可能性について」真空, **8** (1965) 59-63.

10. 昇温脱離法スタートの頃

10.1 昇温脱離法開発の背景

　昇温脱離（thermal desorption）は，分子の吸着している固体表面の温度を上昇させたときに，分子が脱離して気相に放出される現象である．測定し得るのは多くの場合気相の分子密度（圧力）である．試料や真空計の入った装置の体積，装置に対するポンプ系の排気速度など，真空的パラメータが分かっていれば，試料を昇温した場合の装置内の圧力変化から，分子の吸着・脱離に関する種々の情報を得ることができる．また，昇温により分子をいったん脱離させて清浄化した表面の温度を下げた場合にも情報が得られる．大体のところを以下に示す．

　昇温の場合：(a) 圧力－時間の測定から吸着量，(b) 表面温度の制御と脱離速度の測定から分子の脱離のためのエネルギー（脱離の活性化エネルギー）など．

　昇温により清浄化した表面の温度を下げた場合：(c) 圧力－時間の測定から吸着量，(d) 吸着速度の測定から分子の表面への吸着の確率（付着確率，凝縮係数）など．

　このようなデータを得ることができるため，昇温脱離は1960年代から現在に至るまで，多くの研究に使われて来ている．しかし，その原点は，電離真空計で測定できなかった低い圧力を知るための手段として提案されたものであった．ここでは1960年頃の状態を紹介したい．

　1940年代までは，電離真空計で測定できる圧力の下限は 10^{-6} Pa であった．それより低い圧力を測定できる真空計としては，気体分子の輸送現象を利用したクヌーセン（Knudsen）真空計（～7×10^{-7} Pa）の報告があったと言われているが[1]，大変使いにくい真空計だったことは想像に難くない．電離真空計の

10. 昇温脱離法スタートの頃

測定圧力の下限を決める軟X線効果が,次第に明らかになって来たのは1940年代の後半で,1950年にはB-A真空計が発表され,10^{-6}Pa〜5×10^{-8}Pa程度の超高真空の測定が可能となった.しかし,それまでにも,表面現象(熱電子放射,光電子放射,仕事関数,熱的適応係数など)の研究をしていると,清浄にしたと信じられた表面での現象が時間と共に変化し,一定の状態に達することが知られていた.一定になるまでの経過時間から,気体分子運動論の助けを借りて真空装置内の圧力を推定すると,電離真空計の指示値よりも低い圧力の値が得られる場合のあることが分かっていた.この頃の事情は,米国真空協会の創立40周年に出版された"History of Vacuum Science and Technology, Vol.2, Vacuum Science and Technology;Pioneers of the 20th Century（AIP Press, 1994)"の中でレッドヘッド（P. A. Redhead）の"The Quest for Ultrahigh Vacuum (1910-1950)"に要領良くまとめられている[1].

その中に,タングステン線（フィラメント）をフラッシュ（急速昇温）して,吸着分子を短時間で脱離させたときの圧力バーストの高さから,もとの圧力を推定する方法が,アプカー（L. R. Apker）により提案されたことが紹介されている.圧力バーストの高さは,フィラメントの冷却時間に比例して増加し飽和に達する.飽和に達したときの放出分子の数は,概算ではフィラメント表面に単分子吸着層を形成する数となるので,単分子吸着層が形成されるのに要する時間から,電離真空計での測定範囲を超える低い圧力を推定するのである.アプカーの論文は文章のみの一頁半位の短かいもので,その中の十数行分で上記の方法に触れているに過ぎない[2].しかし,昇温脱離法の先鞭をつけた

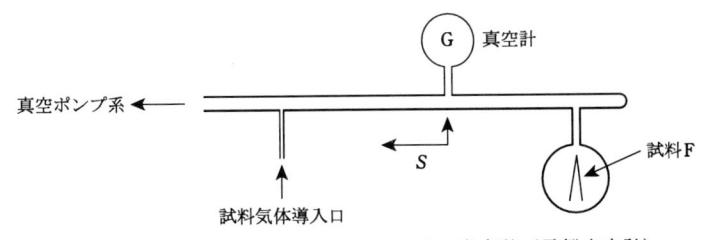

図10.1　昇温脱離法の真空装置の基本形

G：真空計（電離真空計）
F：試料（フィラメント,単結晶など）
S：真空計位置での排気速度

ものとして紹介されていることが多く,歴史的意義を認められていてもよいであろう[1,8].

　昇温脱離法に使われる真空装置の基本的な部分は図10.1に示すように,真空計G,試料Fを含む簡単なもので,真空計の位置でのポンプ系の排気速度Sがわかっている必要がある.これに,真空計の制御計測装置,試料の昇温装置,試料温度の測定装置などが必要である.

10.2　フラッシュ・フィラメント法

　フィラメントをフラッシュして得たデータの解析を試み,吸着の研究を行ったのは1958年からのエーリック (G. Ehrlich) である[3〜7].この方法は,温度を急速に上昇させるためフラッシュ・フィラメント法と呼ばれた.それまでにも金属表面や半導体表面を対象にした昇温脱離の研究がいくつか報告されているが,前者についてはピーターマン (L. A. Pérterman) の総合報告にまとめられており[8],後者について筆者の知っているのはロウ (J. A. Law) らのものである[9〜12].

　エーリックらは,タングステン(多結晶)への窒素と一酸化炭素の吸着を研究している.フィラメントの昇温は,両端に直流定電圧を印加する方法によって行っている.フィラメントの温度は,それ自身を抵抗温度計として測定しているが,抵抗の測定法は交流法,直流法とさまざまである.真空装置はガラス製で,水銀拡散ポンプで排気しているが,フィラメントの温度の上昇速度が速いために(筆者の推定では3000 $K \cdot s^{-1}$前後),事実上,装置に対するポンプ系の排気速度の影響が無視できる状態(真空装置の時定数が無限大)になっている.測定にはブラウン管オシロスコープを使用し,縦軸にB–A真空計のイオン電流を増幅して入れ,横軸は時間掃引またはフィラメントの温度として,多くの観測を行っている.図10.2は,115 Kでタングステン・フィラメントに吸着させた窒素の脱離曲線で,3種類の吸着状態が分離できている場合の概念図である.このような脱離曲線を得るには,冷却時間は15分程度で,吸着分子数の総数は10^{14} molecules$\cdot cm^{-2}$程度であった.この吸着分子が3段階に分か

10. 昇温脱離法スタートの頃

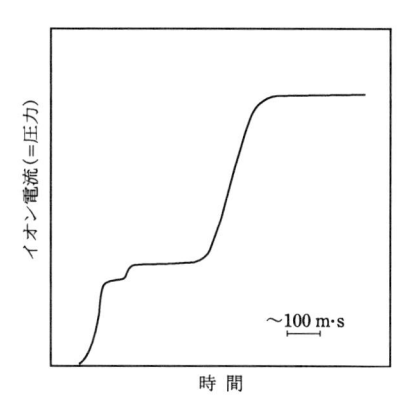

図10.2 フラッシュ・フィラメント法の気体脱離曲線（概念図）
（ブラウン管オシロスコープ上のトレース）

れて脱離している．エーリックは，フィラメントの温度と抵抗との関係も調べ，直流定電圧をフィラメントの両端に印加してフラッシュした場合には，粗い近似で温度 T と時間 t との関係が $1/T=a+bt$ になることを示している．a は $t=0$ における温度の逆数，b は定数である．なお，圧力の表示が明確でないが，5×10^{-8} mmHg 程度と推定される．

この研究が発表された頃，東京大学理学部物理学教室の中の一室で，真空に関する輪講会が熱心に行われていた．この会は，筆者にとって忘れ難い会であるが，そこで筆者がエーリックの論文を紹介したところ，図10.2のような脱離曲線の折れ曲りは，果して本当の現象を見ているのだろうかという疑問が出されて困った．イオン電流の増幅に使っている直流増幅器の，応答速度の過剰や不足が関係しているのではないかというのである．当時の筆者らにとっては，イオン電流増幅用の直流増幅器などは，まだ自作のものを使っていた頃だから，エーリックの使用していた増幅器（ケスレー（Keithley）303など）の感触が把握できなかったのであろう．

10.3 昇温脱離法

フィラメントの昇温速度を遅くした実験は，最初レッドヘッドによってタン

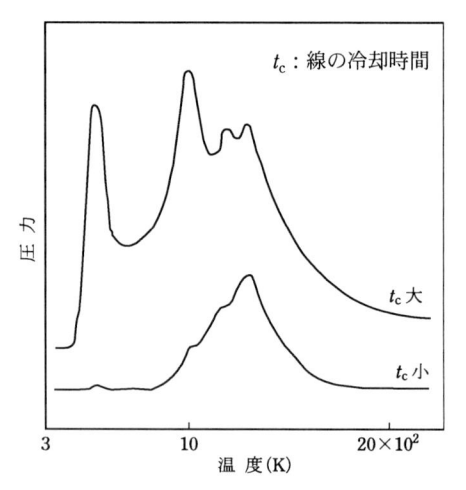

図10.3 昇温脱離曲線（昇温脱離スペクトル）
（概念図）

グステン（多結晶）と一酸化炭素の系で行われ，1961年に図10.3に概念的に示すような多くのピークを持つ昇温脱離スペクトル（thermal desorption spectrum）と呼べる脱離曲線を得ることができた[13]．フィラメントの温度Tは，時間tとともに$T_0+\beta t$のように直線的に上昇させている．T_0は$t=0$のときのフィラメントの温度，βは昇温速度である．図10.3の場合のβは$35\,\mathrm{K\cdot s^{-1}}$程度，冷却温度は300 K，冷却時間$t_\mathrm{c}$は最長60分程度であった．ピーク温度の高低は，脱離の活性化エネルギーの大小に対応し，ピークの面積の大小は吸着量の大小に対応する．圧力は$5\times10^{-9}\,\mathrm{mmHg}$程度と思われるが明確でない．

この脱離スペクトルでは，t_cが長くなるにしたがって全吸着量が増加するとともに，低温側のピークが大きく成長しているので，脱離の活性化エネルギーの小さい吸着状態への吸着量の増加が著しいことを示している．

レッドヘッドは，この論文の一部を構成している実験結果の解析法の詳細を，1962年のVacuumの4号に発表している[14]．後に温度制御脱離（temperature programmed desorption, TPD）とも呼ばれる昇温脱離法の基礎ができたと言っても良いであろう．それに続いて5号には，カーター（G. Carter）の論文が掲載された[15]．珍しいことだが，カーターの論文のアブストラクトの下に，

10. 昇温脱離法スタートの頃

「編集者の注」として以下のような一文が入っている.

「偶然の一致によって, Vacuum は, このカーター博士の論文を受け取るほんの少し前に, カーター博士の論文と部分的に重複するカナダからの論文を受け取った. それは, P. A. Redhead:" Thermal Desorption of Gases," Vacuum 12, July/August (1962) pp.203-211 である. カーター博士の研究は同じ結論を導いている. 英国内で行われた研究の特質を示すために, 我々の依頼によりカーター博士は論文の(a)節を簡略化し, その部分に対応する短かいレビューとして再構成した」.

なお, レッドヘッドの論文は, 受付日:1962年6月11日, 受理日:1962年7月16日, カーターの論文は, 受付日:1962年6月7日, 受理日:1962年10月1日となっており, 錯綜して投稿・受理されている.

レッドヘッドの論文は, 表面の温度Tを時間tに対して直線的に上昇させる場合のほか, $1/T=1/T_0-\alpha t$ とする場合も含む (α:定数). 解析は, 昇温速度, 真空装置の排気の時定数, 脱離反応の次数 (1次, 2次), 脱離の活性化エネルギーなどと昇温脱離スペクトルとの関係を論じており, 実際的, 具体的で読みやすい. 最後にフィラメントの温度制御回路の回路図が載っている. カーターの論文は, 表面不均一性の影響などまで論じていて現象の解析には詳しいが, 数式的取扱いが多い. カーターは, その後も種々の条件下での昇温脱離について多くの論文を発表している. このように, 同じような発想の論文が, ほぼ同時期に発表されるということは比較的多いように思われる. 例えば, 電子線の波動性を示すものとして提出された, ダヴィッソン (C. J. Davisson) とガーマー (L. H. Germer) の反射電子線の回折の論文と, トムソン (G. P. Thomson) とリード (A. Reid) の透過電子線の回折の論文は, 1ヶ月の差で Nature に掲載されている[16].

エーリックやレッドヘッドが昇温脱離の論文を出した頃, この方法に対する評価は暖かいものではなかった. 昇温脱離法では吸着・脱離現象を解明することはできない[8], 吸着・脱離の研究には, もっと微視的な手段を使わなければならない, というのが一般的な理解であった. エーリック自身も, 後に発表した研究のまとめでは, 巨視的方法としてフラッシュ・フィラメント法の研究結果を紹介するとともに, それと平行に微視的方法として, 電界放射電子顕微鏡による研究結果を紹介している[7]. しかし, 昇温脱離法は, その後, フィラメ

ントに代えて単結晶試料を採用することによって,タングステン表面への水素,窒素などの吸着の結晶面による相違を明らかにすることに役立った[17〜21].昇温脱離スペクトルが結晶面によって大きく異なったのである.また,昇温速度をきちんと制御することによって温度制御昇温脱離法に成長し,測定技術の改良によって,脱離分子の方向分布やエネルギーを測定し得るようになり,固体表面での吸着・脱離現象の研究手法として健在である.

　エーリック,レッドヘッド,カーターらによって始められた昇温脱離法の研究対象は,金属表面での化学吸着であった.しかし,液体窒素・空気などで冷却していた真空容器の一部(例えばトラップ)が,冷却剤を取りはずすことにより昇温(自然昇温)した時の容器内圧力の時間変化も,古くから身近な現象として知られている.これも昇温脱離現象の一つであるが,現象を支配しているのは,物理吸着(または凝縮)した分子の脱離の活性化エネルギーである.この現象も1960〜1965年頃にヘンゲフォス(J. Hengevoss),ヒューバー(W. K. Huber),村上らによって,真空技術の観点から取り上げられており,レッドヘッドらの著書[22]にまとめられている.研究手法としてあまり発展しなかったのは,表面の温度を一様に保ちながら昇温させるのが困難なためであろう.

〔文　献〕

1) P. A. Redhead ed.: History of Vacuum Science and Technology, Vol. 2, Vacuum Science and Technology; Pioneers of the 20th Century (AIP Press, 1994) pp.133 -143.
2) L. R. Apker: Ind. Eng. Chem., **40** (1948) 846.
3) T. W. Hickmott and G. Ehrlich: J. Phys. Chem. Solid, **5** (1958) 47.
4) G. Ehrlich: J. Chem. Phys., **34** (1961) 29.
5) G. Ehrlich: J. Chem. Phys., **34** (1961) 39.
6) G. Ehrlich: J. Appl. Phys., **32** (1961) 4.
7) G. Ehrlich: Advances in Catalysis, Vol. 2 (Academic Press, 1963) pp.255-427.
8) L. A. Péterman: Progress in Surface Science, Vol. 3(Pergamon, 1970) pp.1-61.
9) J. T. Law and E. E. Francois: Ann. N.Y.Acad. Sci., **58** (1954) 9.
10) J. T. Law: J. Phys. Chem., **59** (1955) 543.
11) J. T. Law and E. E. Francois:J. Phys. Chem., **60** (1956) 353.

12) J. T. Law: J. Chem. Phys., **30** (1959) 1568.
13) P. A. Redhead: Trans. Farad. Soc., **57** (1961) 641.
14) P. A. Redhead: Vacuum, **12** (1962) 203.
15) G. Carter: Vacuum, **12** (1962) 245.
16) R. K. Gehrenbeck: Physics Today, **31** (1978) 34. T. E. Madey and W. C. Brown ed.: History of Vacuum Science and Technology (American Institute of Physics, 1948) pp.137-144 に再録.
17) P. W. Tamm and L. D. Schmidt: J. Chem. Phys.,**51** (1969) 5352.
18) P. W. Tamm and L. D. Schmidt: J. Chem. Phys.,**54** (1971) 4775.
19) P. W. Tamm and L. D. Schmidt: Surf. Sci., **26** (1971) 286.
20) J. T. Yates, Jr.: Method of Experimental Physics, Vol. 22 (Academic Press, 1985) Chap. 8.
21) 村田好正: 表面物理学（朝倉書店，2003）第6章.
22) P. A. Redhead, J. P. Hobson, and E. V. Kornelsen: The Physical Basis of Ultrahigh Vacuum (Chapman and Hall, 1968. American Institute of Physics, 1993)（富永五郎，辻 泰 訳：超高真空の物理（岩波書店，1977））Chap. 9.

11. ピラニ真空計を高真空で使う

11.1　ピラニ真空計による圧力測定

　ピラニ真空計は，1907年にピラニ (M. Pirani) によって提案された低圧気体の熱伝導を利用する真空計である[1,2]．

　この真空計は，低真空～中真空で使いやすいため，現在でも真空装置の制御用モニターとして多数使われている．

　ピラニ真空計の測定子の基本的な形は，図11.1のように，円筒形の管球の

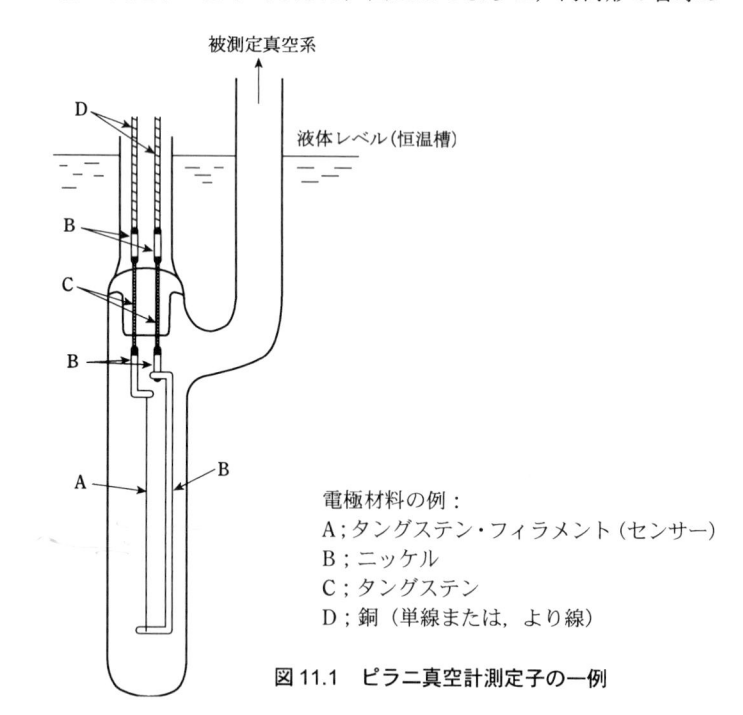

電極材料の例：
A；タングステン・フィラメント（センサー）
B；ニッケル
C；タングステン
D；銅（単線または，より線）

図11.1　ピラニ真空計測定子の一例

中心にセンサーとなる金属フィラメントA（タングステン，白金，ニッケルなど）を張ったものである．単純な金属フィラメントではなく，コイル（例えば電球用タングステン・コイル）を使用する場合もある[3]．圧力が低くなって，フィラメントと管球内壁との間の熱交換が自由分子熱伝導によって行われるようになると，熱伝導率が圧力に比例する．ピラニ真空計は，この現象を利用しており，通電により昇温したフィラメントの抵抗を測定して圧力を知る真空計である．この真空計の長所は：(1) 電極構造が簡単，(2) 極端に高温になる部分がない，(3) 小形にできる，(4) 圧力変化に対する応答速度がある程度速い，などである．短所は：(1) 絶対真空計ではないので標準の真空計との校正を必要とする，(2) フィラメントの表面状態が変ると，表面に対する気体分子の熱的適応係数（thermal accommodation cofficient）αが変るので再校正を必要とする，などである．αは現在のJIS[4]では熱適応係数となっているが，かなり古くから熱的適応係数と呼ばれてきた．熱的適応係数αは，自由分子熱伝導の場合に，気体分子と固体表面とのエネルギー交換の程度を表す係数で，表面に入射する分子ではエネルギーEと温度Tとが，$E=2kT$の関係（k：ボルツマン定数）にあることから，次式で定義される．

$$\alpha = \frac{E_r - E_g}{E_s - E_g} = \frac{T_r - T_g}{T_s - T_g} \tag{11-1}$$

ここで，E_gは温度T_gの気体分子の持つエネルギー，E_rは表面から脱離（または反射）した気体分子のエネルギーで，T_rはそれに対応する温度，E_sは表面温度T_sに等しい温度の気体分子のエネルギーである．

ピラニ真空計の作動方式には以下の3方式がある．(a) 定電圧法：フィラメントの両端に一定の電圧を加える．(b) 定電流法：フィラメントに一定の電流を流す．(c) 定温度法：フィラメントの温度を一定に保つ．

(a) と (b) の基本回路は，図11.2のように測定子をホイートストン・ブリッジ（Wheatstone bridge）の一辺に組み込む方式で，他の一辺には，多くの場合，真空計の管壁の温度変化（周囲温度の変化）の影響を補償するための管球（ダミー管）を組み込んである[2]．補償用の管球は測定子と同じ構造で，十分に排気してからゲッターを使用するなどして，管壁の温度が変っても管内の圧

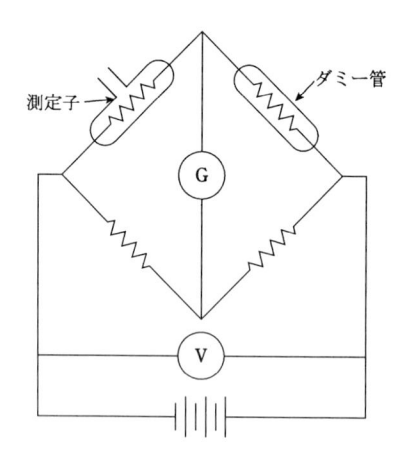

G：検流計，直流増幅器など
V：電圧計

図11.2 定電圧型，定電流型測定回路の基本形

力変動が小さく抑えられるようにしてある．ブリッジの非平衡を検出するGには，最初の頃は検流計（galvanometer），後には直流増幅器が使用された．ブリッジの他の二辺の抵抗を調節することによって，ピラニ真空計を近似的に定電流法または定電圧法で使用することが出来る．

定温度法のピラニ真空計が具体的になってきたのは，1948年にユービッシュ（H. von Ubish）[5]によって，ブリッジの非平衡電圧を電源にフィードバックして，平衡を取り戻すように電源の出力を調節する方式（零点法）が提案されてからである．この方式は，メーカー各社で発展させられ[6]，現在のピラニ真空計では多くがこの方式である．なお，特殊な用途として，東京大学生産技術研究所でロケット搭載用の高度計として，この定温度型ピラニ真空計が研究され実際に使われたことは[7,8]，案外知られていないであろう．

定温度型ピラニ真空計の多くは，低い側の測定可能な圧力として10 Pa程度までを考えた工業用計器として作られているので，熱的適応係数 α の変動による校正曲線の変化は，ほとんど問題にしていないようである．フィラメントが一定温度に保たれているという条件も，α の変動を小さくする要因の一つになっているものと思われる．

しかし，1960年頃より以前には，ピラニ真空計の感度をぎりぎりまで高くして，気体の吸着やガス放出の研究に使用することが，多くの研究者によって

試みられていた.このような場合には,圧力の絶対値の測定を目的とすることは少なく,圧力変動や圧力差を知れば意味のある結果が得られるように,研究計画が立てられていた.圧力変動や圧力差に対しては,10^{-3} Pa程度の測定は可能であったが,そのためには,さまざまな工夫がなされていた.隔膜真空計に,必要な感度を有するものがあったかどうか確かでないが,少なくとも高価なために入手し難かったし,真空装置(ほとんどがガラス製であった)の加熱脱ガス温度(〜450℃)について行けるものがなかった.また,スピニング・ロータ(spinning rotor)真空計は,真空計としての研究成果が発表され始めたという段階だったので[4],ピラニ真空計を工夫をこらして使うのが最も現実的であった.

以下に述べるのは筆者の経験を中心にした事柄で,一般的に認められているとは言えない.こういう経験は研究室の記憶のような形で伝えられる以外は,忘れ去られて行くのであろう.忘れられて行くのは必ずしも悪くないと思う.

ピラニ真空計を高感度にして使用する場合には,主に定電圧法・定電流法が使われており,図11.2のような回路が採用されていた.測定に関する主要な問題点は下記の2点であった.(a)自由分子熱伝導に影響を及ぼすフィラメント表面での気体分子の熱的適応係数αの安定性.(b)測定子内および測定回路の各接点における良好な電気的接触と温度の安定性.

(a)のαの安定性に関連しては,高感度を目指す場合に,一晩放置すると(真空装置の中でも)校正曲線が変るとか,装置の中でかなり離れたところに設置されていても,ガイスラー(Geissler)管を放電させると校正曲線が変るというような事があり,それらは主にαの変化によって起っているものと思われていた.そのため,フィラメントの表面状態を安定化しようという試みが種々なされたが,十分に成功した方法はなかった(11.2参照).

このような校正曲線の変化の影響をできるだけ避けるため,ピラニ真空計を高感度で使用する場合には,何時でも校正可能なように装置を構成しなければならなかった.もっとも,多くの場合,校正の標準とする真空計は絶対真空計(マクラウド(McLeod)真空計,U字管真空計など)ではなく,それ自身が校正を必要とする電離真空計で,気体(窒素など)を導入して,ピラニ真空計で測定を予

定している圧力範囲内の数点で比較するという程度が実際的であった.

(b)の良好な接触と温度の安定性は,10^{-2}Pa程度より低い圧力を測定する場合のバックグラウンドの変動やノイズなどに関係する.図11.1に模式的に示してあるように,ピラニ真空計には,工作上の理由やガラスを貫通して電極を導入する必要性から,いろいろな種類の金属が使われている.例えば,A;タングステン・フィラメント,B;ニッケル,C;タングステン,D;銅(単線または,より線),という具合である.それらの異種金属間の接合には,高温の酸水素焔による溶接や電気的な点溶接が使われていたが,接点の温度が変ると,熱起電力の変化に起因すると思われるバックグラウンドの変動とノイズの増加が測定の邪魔をした.溶接による異種金属の接合については,1950年代から総合的にまとめた報告が出されている[9,10].しかし,ピラニ真空計の場合には,特別な工夫の報告も見ることができる[11].タングステン・フィラメントをヘアピン形にして,その頂点をスプリングで吊るという方法も良くとられていたが,フィラメントとスプリングの材質が同じでも,その間の接触状態の変化に起因すると思われる不安定性が現れて具合が悪かった.このような点に注意を払っても,測定子は水恒温槽などに入れる必要があったし,また,外部からの光の照射にも応答するので(照射によるフィラメントの温度上昇だろうか?),光を遮蔽する対策も必要であった.

金属間の接合は測定子外部の回路の中にもたくさんあり,それらの大部分は銅同士の接合であるが,接合部分の温度変動は,バックグラウンドの変動とノイズの増加の原因となった.そのため各接合点を綿などで覆って,できるだけ温度を安定に保つことが必要であった(この現象は非科学的に思えるし,原因も解明されていない.全く経験的な話である).また,温度変化に対して最も安定なのは機械的圧力による接触で,普通に入手できた材料を使った限りでは,ハンダ付けは大分不安定で,銀ろう付けは非常に劣っていた.

実験室に空調の設備などはなかったから,装置の加熱脱ガスが終了してからピラニ真空計関係の配線を行い,その後は,室温があまり変化しなくなり,ピラニ真空計のバックグラウンドの変化がゆっくりになるのを待って,測定を開始するという手順であった.筆者らのグループの実験室に簡単な冷房装置(家庭

用エアコン）が入ったのは昭和44年頃であったと思うが，オン・オフの時の温度変化が大きく，作動させた状態では安定した測定ができなかったように記憶している．気体の吸着の研究などにピラニ真空計を高感度で使おうとする場合には，室温が自然に安定するのを待つ，待ち時間の長い実験となった．いろいろな苦労をしても，電離真空計の持つ白熱タングステン・フィラメントの影響のない雰囲気で，気体の吸着・脱離などの研究をしたいという願望が強かったのである．

ピラニ真空計を巧妙に使用した例は，電子管材料の研究のために行われた，小試料からのガス放出を測定するコンダクタンス法への応用であった．この方法は，全ガラス製真空装置の中で試料を急熱し，一時に放出された気体を装置の一部の容器（一定体積）の中に溜め込み，その気体を既知のコンダクタンスを持つ細管を通して排気して，細管の両側の圧力差を図11.2の測定子とダミー管のように，ブリッジの二辺に入れた2個のピラニ真空計測定子を用いて測定する方法である．圧力差の時間変化，容器の体積，細管のコンダクタンスから，気体の種類（分子量）と気体量を知ることができる[3,12]．ただし，水蒸気などの吸着性の気体については，装置内壁への吸着の影響が大きいので，良い結果を得ることができない．表面の汚れを取り除くために，水素炉の中で高温処理したような電子管材料では，主な放出気体は水素，一酸化炭素，二酸化炭素などであるから，この方法（ピラニ真空計によるコンダクタンス法）は，質量分析計が自由に使えるようになるまで，放出気体量を指標とする材料の質や処理の研究に大いに貢献した．現在では質量分析計が使えるようになったが，その電子源としての高温フィラメントの存在は，測定を乱す原因になると思われるので，ピラニ真空計に比べて果して格段に良い結果が得られているかどうかは，もう一度考え直してみる方が良いのかも知れない．

11.2　熱的適応係数について

フィラメント表面に対する気体分子の熱的適応係数αの測定は，1930年代までの表面研究には大きな役割を果していたものと考えられる．αの値をピラニ真空計

の立場から良くまとめてあるのはレック（J. H. Leck）の著書であるが[2]，その中のデータも多くは1930年代に得られたものである．比較的新しいところでは，タングステン–ヘリウムの系でアルミニウムのゲッターを使って活性な気体分子の除去を徹底し，タングステン表面をできるだけ清浄にして小さいαの値を得た結果[13]や，鉄–ネオンの系で鉄表面の清浄化にスパッタリングを利用した結果[14]などが印象に残っている．また，実用表面での研究は，希薄気体力学の関係者によって，いろいろ行われている．

　1930年代に表面研究の方法としてαを使っているものの一例として，筆者はミラー（A. R. Miller）の著書（133頁の小冊子）を持っている[15]．この頃の装置は，水銀拡散ポンプで排気するガラス製真空装置であり，バルブに代わるものとして水銀カットオフ（3章図3.2参照）を用い，また圧力計は主にマクラウド真空計であった．水銀蒸気の防止には多数の液体空気のトラップが使われていた．ミラーの著書では，水素，窒素，酸素などの吸着によって，タングステン・フィラメントと希ガスの間のαが変化する現象を検討している．

　すでに一次元の吸着のポテンシャル・エネルギー曲線の概念は発表されており，2原子分子吸着と吸着点との関係などが論じられている．たとえば，2個の吸着点が隣り合わせに存在しないと吸着が起らない場合の吸着速度の変化と飽和吸着量について，実験と理論との結果を比較しており，吸着分子の表面拡散の有無についても論じている．ずいぶん古い話ではあるが，水銀拡散ポンプを使っているために，後の油拡散ポンプを使っていた頃に比べて，吸着性の気体分子の少ない雰囲気での実験ができたのかも知れない．しかし，実験の労力は，非常に大きかったであろう．

　前にも述べたように，ピラニ真空計の立場からはαを安定に保つことが大切である．そのため，タングステン・フィラメントの場合には，線引きの際の潤滑剤に使ったカーボン微粒子を表面に残したままにして置く（普通は水酸化ナトリウム溶液中の電解研磨で除去する）とか，金メッキをほどこすことが試みられたこともあった[11]．測定開始の前に，フィラメントを通電によって高温に加温することもよく試みられたが，フィラメントの表面を原子的清浄表面にするほど温度を上げることは，熱膨張でフィラメントが周囲の支柱や管壁な

どに接触したりして，周辺に及ぼす影響が大き過ぎるので，せいぜい，吸着分子を脱離させる程度の温度にとどめていたのが普通であった．また，管球の組み立て前に，フィラメントを十分焼鈍しておくのも，安定に使えるピラニ真空計を作るのに必要とされていた[7]．

このようなことから，隔膜真空計やスピニング・ロータ真空計などの有力な真空計が，日常的に入手できるようになった現在では，ピラニ真空計は，工業用計器として使われているのが，所を得たと言うべきなのであろう．

〔文　献〕

ピラニ真空計の技術的論文は膨大な数になる．以下（文献4）以外）は，本稿を作成したときにたまたま筆者の手許にあって参考にした文献である．

1) H. Adam and W. Steckelmacher:" Martin Knudsen (1871-1949)," P. A. Redhead ed.: History of Vacuum Science and Technology, Vol. 2, Vacuum Science and Technology; Pioneers of the 20th Century (AIP Press, 1994) pp.83-85.
2) J. H. Leck: Total and Partial Pressure Measurement in Vacuum Systems (Blackie, 1989) Chap. 2.
3) 例えば，日本金属学会 真空用金属研究会編：電子管用金属材料（丸善，1958) pp.385-388.
4) JIS Z 8126-1: 1999 真空技術―用語，第1部：一般用語．
5) R. N. Peacock: " Vacuum Gauges," J. M.Lafferty ed. : Foundations of Vacuum Science and Technology (John Wiley & Sons, 1998) Chap.6.
6) 例えば，小山富太郎，出町利昭：島津評論，**18** (1963) 97.
7) 富永五郎，岡田 繁，金 文沢：生産研究，**11** (1959) 102.
8) 富永五郎，金 文沢，和波衛身：生産研究，**14** (1962) 65.
9) G.C. Mönch: Neue u. Bewährtes aus der Hochvakuumtechnik (VEB Wilhelm Knapp Verlag, 1959) Chap.8, Table 939.
10) A.Roth: Vacuum Technology, 2nd ed. (Elsevir Sci. Pub., 1982) Chap.7, Table 7.7.
11) 例えば，大槻太郎，吉井新太郎：真空，**5** (1962) 185.
12) 谷田和雄：真空システム工学 (養賢堂, 1977) Chap.8.
13) L.B.Thomas and E.B.Schofield: J. Chem. Phys., **23** (1955) 861.
14) A.E. J. Eggleton and F.C.Tompkins: Trans. Farad. Soc., **48** (1952) 738.
15) A.R.Miller: The Adsorption of Gases on Solids (Cambridge Univ. Press, 1949).

12. ガラス細工の周辺

12.1 はじめに

　水銀をピストンに使うポンプ（テプラー・ポンプ（Töpler pump）など）や，水銀拡散ポンプなどが真空ポンプの主流であった頃から，1970年代の中頃まで，真空を使う研究ではガラス細工が必要不可欠な手技であった．初期の原子物理学の研究も，放電や電子線の研究など，多くはガラス細工による装置の製作を必要としたので，実験的研究を行うには現在よりも手先の器用さが求められた時代であった[1]．それだけに，筆者の周囲にもガラス細工に自信を持っている人がたくさん居るので，ガラス細工のことは書く気持がなかった．

　ところが最近，図12.1のような石英ガラス製ハンド・バーナーに再会することができた．このバーナーは，多分，1960年代に東京大学生産技術研究所が千葉市弥生町から東京都内の港区竜土町に移転した頃に，こういう特殊なも

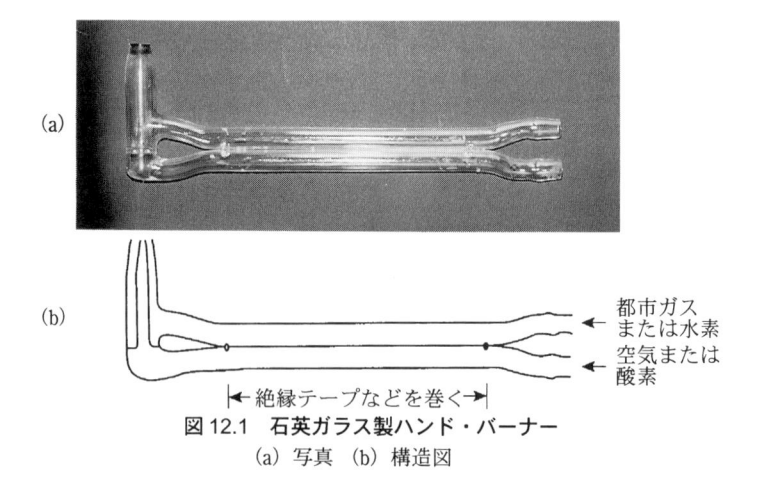

図12.1　石英ガラス製ハンド・バーナー
(a) 写真　(b) 構造図

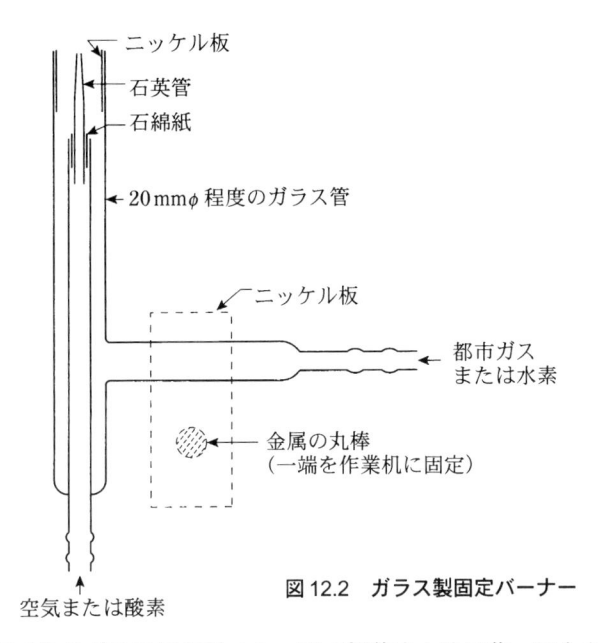

12. ガラス細工の周辺

```
            ニッケル板
            石英管
            石綿紙

            20mmφ 程度のガラス管

            ニッケル板
                            都市ガス
                            または水素
            金属の丸棒
            （一端を作業机に固定）
```

図 12.2 ガラス製固定バーナー

空気または酸素

のを製作してくれるガラス屋が見つかって，5個位まとめて作ってもらったものの生き残りではないかと思う．かなり良くできていて，見る人によって感じ方は異なるであろうが，筆者は美しいと感じる．図12.1 (a) は写真，(b) は構造図である．普通は (b) に示すように，直管の部分に絶縁テープなどを巻いて胴体を保護して使った．外側の炎は都市ガスまたは水素を燃やして作り，その中心から空気または酸素を吹き込んで高温の炎を作って使う．おのおのの流量調節はピンチコックで行った．硬質ガラスを細工するとき，本職のガラス屋は高温の酸素 – 水素炎を，素人は少し温度の低い酸素 – 都市ガス炎を使うことが多かった．石英ガラスの機械的強度は普通のガラスと同程度だから，ハンド・バーナーをコンクリートの床に落せば割れるし，鉄のアングルなどで組んだ真空装置の架台にぶつけても欠けたりして消耗してしまう．このバーナーを見ているうちに，ガラス細工にまつわる思い出が浮んで来たので，小文を書くことを思い立った．

　筆者の経験したのは，石英ガラス製ハンド・バーナーを使ってガラス製真空装置を組み立てる作業が中心であったが，バーナーにはハンド・バーナーのほ

かに固定バーナーもある.普通,ガラス細工といえば,固定バーナーを使って単品のガラス器具を作ることを意味するので,主役は固定バーナーである[2,3].筆者の使ったガラス製固定バーナーの構造(細かくは覚えていない)を図12.2に示す.外側のガラス管の枝管をコルクなどのブロックにきつい状態で通してあり,ブロックには,それと直交して金属(真ちゅう,鉄など)の丸棒がきつい状態で通してあって,その一端は作業机に固定してある.この仕掛けで,バーナーの向きをだいたい自由に変えることができる.バーナーの出口のニッケル板は,出口のガラスの縁を保護するためのもので,この板が無いと使っているうちに縁が欠けてきてしまう.空気または酸素の吹き出し口は,ガラスでは溶けてしまうので,石英ガラスの短管を使っている.ガラス製ハンド・バーナーも使われていたが,石英ガラス製の方が炎の再現性と安定性が良く使いやすかった.出口に付けたニッケル板や石英ガラスの短管の位置などが動いたのだろうか.

　金属製のバーナーはガラス製のものより一般的であるが,筆者は止むを得ない場合に使ったことしかないので,あまり良く知らない.基本的な構造はガラス製のものと同じである.金属製固定バーナーは,重い卓上スタンドに,バーナーの向きを自由に変えることができる継手を介して取り付けられている.また,ガスの流量調節装置(コックなど)は本体に付いている.金属製ハンド・バーナーでもガスの流量調節装置は本体に付いている.そのため,作業中に動いてしまうことがあった.また,相当武骨にできているため重いし,ガラス装置にぶつけるとガラスが割れてしまうのではないかという心理的圧迫もあって使いにくかった.石英ガラス製ハンド・バーナーは,軽いことと炎の安定性が良いこととで断然使いやすかった.

12.2　ガラス細工との出合い

　第二次世界大戦も終りに近くなった1944年初夏の頃から,都立高等学校(旧制)の一年生であった筆者らは,輸送隊,消防隊,戦時研究に動員された.筆者は学校の校舎の中で行われていた,鈴木桃太郎教授を指導者とする研究グ

ループに配属された．そこでは，太いガラスの二重管の間に水素と酸素の混合気体を流しながら放電し，発生した過酸化水素（H_2O_2）を集める実験をしていた．過酸化水素はロケット戦闘機（秋水（メッサーシュミット163型））の燃料にするためのものだとのことであった[4]．

　研究グループは，生成実験，安定剤開発，量産化，その他に分かれていたが，生成実験のグループが，大きなガラスの二重管を，生徒用の化学実験室で実験机の上に林立させて実験していた．筆者が初めてガラス細工に接したのはこの時で，常勤のガラス屋が居て，風の入らない小部屋で，上半身裸のような姿で，二重管を手持ちで作っていたのが非常に印象的であった．今でも，その情景を大きな炎の色と共に思い出すことができる．人づてに聞いたところでは，「上手なガラス屋になるには，サーカスの芸人のような厳しい修行に耐えなければならないのだ」という話であった．

　本筋から外れるが，この実験が危険なことは容易に想像できるであろう．水素と酸素の混合比を，放電しても爆発しない比率にしてあるということだったが，学校の中の実験室で一回，また，友人が出張していた大船の海軍燃料廠で一回爆発が起こった．燃料廠の方は5 m^3のガス・タンクの蓋を吹き飛ばしたという話を聞いたが，学校の中での爆発では，実験机の上に組み立てられていたガラスの装置が跡形も無くなっているのに呆然とした．いずれの場合も怪我人が無かったのは幸いであった．家は焼失し，空腹を抱えてのひどい時代の話である．

12.3　軟質ガラスで手ほどきを受ける

　1950年に大学を卒業して，東京大学理工学研究所にあった熊谷寛夫先生の研究室に大学院生として入れていただき，柴田英夫氏の指導を受けて，真空技術の研究をお手伝いすることになった．実験室には，柴田氏の製作された全ガラス製の気体流量計があって，それを使って，油拡散ポンプの排気速度や，油蒸気の噴流（ジェット（jet））を通って逆流する低真空側から高真空側への気体の逆拡散などを調べるということであった．必然的にガラス細工の手ほどき

も柴田氏にしていただいたが、作業台上の固定バーナーもハンド・バーナーも金属製で、都市ガスの炎の中に吹き込む空気は、足踏みふいごで送るという道具立てだったので、炎が息をついてしまって非常に作業しにくかった．

ふいごの出口に50ℓ位の薬品の空瓶をリザーバーとして入れてあったが、その程度ではとても間に合わなかった．ガラスはすべて軟質ガラスであったから、一寸温度が上るとすぐに融けて細工がしにくく、少し焼き鈍しを油断すると割れて始末が悪かった．とにかく、ガラス管を切る、曲げる、接続する、T字管を作るなどを教わったが、大してものにならなかった．その水準から見ると、柴田氏の製作された気体流量計の出来は大したものであった．

12.4 硬質ガラスに移る

1951年晩秋から、東京芝浦電気株式会社マツダ研究所で仕事をすることになった．最初、内部を転々としたが、1年位経って落ち着いたのは焼けた研究所の建物の2階の一室であった．床はコンクリートの上に角材を置いて板を張っただけのものだったので、ねずみが跳梁して、だにを落してゆくのに閉口し、とうとう半日位かけて、ねずみの穴ふさぎを行った．窓枠も焼けた枠の曲りを直しただけのものだったので、風が入り放題であった．しかし、都市ガス、水素、酸素、高圧空気などが配管されていたのは有難かった．固定バーナーもハンド・バーナーも社内で作ってもらったガラス製のものであり、ハンド・バーナーは後に少しずつ石英ガラス製のものを入手できるようになった．

戦後の混乱期にかかっていたので、多くの状況が現在とは掛け離れていた．例えば、電気の節約のために日曜日に出勤して週日に休むというようなことが行われていた．その中でガラス細工に関しては、ガス配管のコックが不良で、閉めたつもりでも完全に閉まっていないという問題があった．退社する時にバーナーの火を消し、コックも閉めたつもりでも、夜中に都市ガスの圧力が上昇すると炎が伸びるということが起って、これで始末書を取られた．こういう事故を防止するため、バーナーにガラス製のキャップを被せるようにして置いたところ、今度は誉められて表彰してくれるという話が出たが、前の始末書の

12. ガラス細工の周辺

図 12.3　ヒックマン・ポンプの例（ボイラはヒーター内臓）
（東北大学広報誌「まなびの杜」No.36 の表紙より）

件があるので取り止めになってしまった.

　使っていたガラスのほとんどは，コーニング社（Corning Co.）のノネックス（Nonex）ガラスに相当するCP35であった．タングステンに熱膨張係数の合っている硬質ガラス（鉛硼珪酸ガラス）である．研究所の中には腕の良いガラス屋が何人も居たので，我々が手持ち作業でガラス器具を作るという必要はなく，もっぱら部品と部品とを接続して装置を組み立てることが，真空関係の研究をすすめる時に必要な作業で「置きつぎ」と言った．

　ガラス屋の中に宿老のような形で出て来て，若い人達を指導していた山室氏（？）（多分定年を過ぎていた）がいたが，ヒックマン・ポンプ（Hickman pump）などは工業工芸品とも言えるような素晴しい細工であった．それに加えて，筆者のような若い者が一寸無理な細工を頼んでも，一緒に工夫して作業を進めてくれるのには，感謝したし，尊敬していた．

　ヒックマン・ポンプはガラス製の分溜型油拡散ポンプである[5]．ポンプにはガラス屋の考えも入ってしまって，いろいろな形のものがあるが，図12.3はその一例である（図1.7参照）．水冷のジャケットが付いているものもあるが，

空冷の方が一般的である.各ノズルから噴射した油蒸気はポンプの壁で凝縮して,上向きのノズルを持つ排気口側のボイラ(A)に入り,ここで最も蒸気圧の高い成分が蒸発する.作動油がAからDまでボイラを移動する間に,順次蒸気圧の高い成分から蒸発するので,効率の良い分溜型となっている.

息をつかない炎(都市ガス＋酸素)と硬質ガラスの組み合せではさすがに細工が楽で,始めのうちは,かなり強引に我流で作業をしていた.しかし,ある時,電子管・特殊管の研究室に所属していた佐藤正三氏が見かねたらしく,少し教えてあげようと言ってくれた.教えてくれたのは1～2日であったが,そばに付き切りで,ガラス管を切ったり横穴を開けたりして細工の準備をするところ,炎の当て方,接続のタイミングと手順,曲げ方,T字部分の作成など,筆者の作業するところを見ながら教えてくれた.自分でやって見せてくれたのは1～2回であったような気がする.ガラス細工は実技だから,書いても本当のところは伝わらないが,文章にできるのは下記のような点であった. (1) 炎を当てる前の準備が非常に大切.溶接部が大きな隙間が無くぴったり合うように準備する. (2) 炎はガラス管の切り口の切線方向に当て,切り口が一様に溶けるようにハンド・バーナーを小まめに動かす. (3) ガラスは溶接できる位の温度になると粘性率の大きな流体になる.したがって,重力の影響を受けて下方に流れる. (4) ノネックス型ガラスは鉛を含んでいるので,炎の中の還元炎の部分を当てると鉛が析出して黒くなる.この鉛は酸化炎で熱していると,ある程度ガラスの中に溶け込んでゆく. (5) 作業後の焼鈍(その範囲と温度と時間)が大切.

大体これ位のことを身体で理解できていれば,あとは練習をすれば腕が上がり,お陰で真空装置作成のための「置きつぎ」には,ほとんど困らなくなった.

12.5　グリースレス・コック

ガラス製真空装置の利点の一つは,硬質ガラスならば450℃位の加熱脱ガスが可能なことである.加熱は初期にはハンド・バーナーの都市ガス炎を使っていたが,その場合の筆者の基準は直径20 mmの配管ならば1 mあたり30分

12. ガラス細工の周辺

図12.4 ガラス製グリースレス・コック

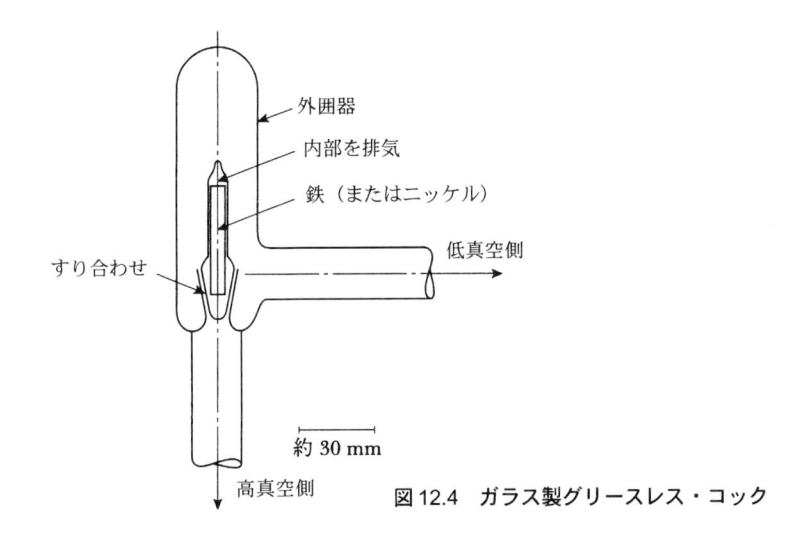

(図中ラベル: 外囲器／内部を排気／鉄（またはニッケル）／低真空側／すり合わせ／約 30 mm／高真空側)

で，この位の時間をかければ，装置内壁から脱離した水蒸気の再吸着の影響を小さくして，圧力を下げることができるようであった[5]．450℃位までのガラスからの放出ガスは，ほとんど水蒸気であることが報告されている[6]．その後，アルパート（D. Alpert）の超高真空生成の論文によって[7]，装置全体をオーブンで囲んで加熱脱ガスすることの重要性が認識されたが，アルパートの使ったようなオーブンの製作には費用の点で手が出なかったので，安上りのものを工夫して作っていた[5]．大分，アスベストの粉を吸ったかも知れない．また，オーブンから出てしまう部分と配管は，ニクロム線を巻いたり，ニクロム線の入ったガラス布のリボン・ヒーターを使ったりした．

オーブンに入れてベーキングする時の大きな問題の一つはバルブである．アルパートは全金属製バルブを提案しており，これは後にグランビル−フィリップ社（Granville−Phillip Co.）から売り出されたバルブの原形となっている．筆者も真似して多少不細工であったが何個か作ってみた．一番困ったのは，金属製の波板（円板）を作るところで，へら絞りで作れたのではないかと思うが，研究所の工作部の人がステンレス鋼板をプレスして作ろうと言ったので，硬くて不細工で高価なものができてしまった．部品を組み立てるのは，主に送信管の製作に使っていた銀ろう付けの技術を使えば可能であった．この銀ろう付け

は，水素と窒素の混合気体（フォーミング・ガス）を流している容器の中で，高周波加熱をした黒鉛またはモリブデンからの輻射熱で対象の品物を熱する方式であった．

　金属製の耐熱バルブを作るのは，上記のように，なかなか大変であったから，それに代るものとして手軽にたくさん使われていたのが，図12.4に示すようなガラス製グリースレス・コックであった[5]．このコックは，まず，摺り合せ活栓の雄雌を作って，そのうちの雌を外囲器の中に封着してもらい，雄はその中に強磁性体（鉄，ニッケルなど）を入れて排気して封じ切った後，外囲器の中に入れたものである．開閉は外から磁石（主に電磁石）を使って行う．ガラス屋の摺り合せ作業は，雌を機械で回転させ，雄を手に持って研磨剤を混ぜた水を流しながら行うもので，水の量が減ると急に雄雌がくっついてしまって（ついたら離すことはほぼ不可能），手で持っていた雄が割れて怪我をすることがあり，危険作業とされていた．

　このようにして作ったグリースレス・コックは，閉の状態でも多少のリークがあり，バルブというよりも可変コンダクタンスという概念で使った方が良さそうであった．定容量法で閉の状態のコンダクタンスを調べてみたが，新品では大きく，150回位の開閉をすると最初の1/3位の値に落ち着くことが分かった．落ち着いた後の閉の状態でのコンダクタンスは，小さいものでも1×10^{-5} $\ell \cdot s^{-1}$程度であった[8]．機械で摺り合せてもらった後で，自分で細かい研磨剤を使って手摺りをしてみたが，大して良いものはできなかった．この測定に使った気体はエチレンである．それは，気体の吸着を使うBET法[9]によって，板などの比較的小さい面の真表面積を測定したいと考え，その測定に関連してグリースレス・コックの性能を調べたためで，液体窒素温度（77 K）で適当な蒸気圧を持つ気体としてエチレンを使った例があったからである．今では考えられないことだと思うが，エチレンはエチルアルコールを燐酸で脱水して自作し，精製して使った[10]．

　図12.5はグリースレス・コックの使用例を示す写真で，ヒックマン・ポンプで排気しているガラス製真空装置の一部である．東京大学生産技術研究所富永研究室で使っていたもので，ガラス管を通る分子流が非定常から定常に変化

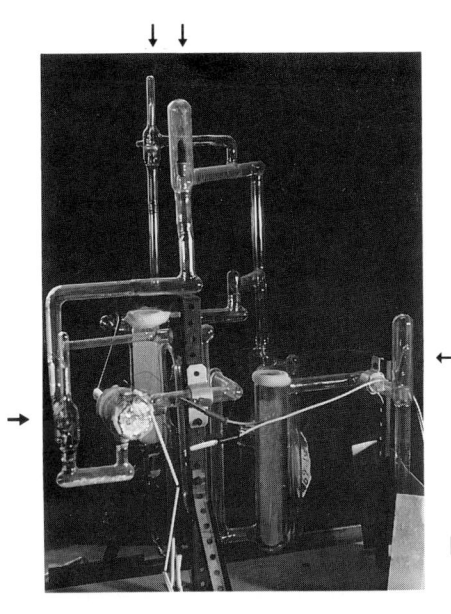

図12.5 グリースレス・コック
（→印の部分）4個のついた系

する時間の測定から，ガラス表面での油分子（油拡散ポンプの作動液）の平均滞留時間を求めた実験（4.3参照）に使用した装置の一部だと思うが，確かではない．4個のグリースレス・コックが組み込まれており，そのうちの2個は図12.4に示してあるもの，他の2個は弁座が半球形のものである．右下のグリースレス・コックのみが開の状態になっている．口の部分が白くなっている2個の筒状の部品は，二重管の冷却トラップで，内筒に液体窒素が入っていて，口の部分には厚く霜がついている．左の方で光っているのは電離真空計で，底面の導線の導入部分が手前に向いている．左上のグリースレス・コックのうち，手前のものは，管の内側が少し白っぽく見えるが，これは長期間使用して開閉の回数が多くなったために，外囲器の内側に小さい傷がたくさんついているためである．

12.6　生産技術研究所に戻って

1959年に東京大学生産技術研究所の富永五郎先生の研究室に入れていただ

いた時には，酸素のボンベが入っていたので，都市ガスと酸素の炎を使うことができた．しかしバーナー類は金属製であり，ガラスが硬質とは言うものの素状の知れないものであることが不安であった．さいわい，ガラスは商社から東芝のCP35相当品を入れてもらえるようになったので，管径，肉厚などが相当不揃いではあったが，再びノネックス型ガラスを使うことができた．また，ハンド・バーナーも，最初はガラス製のもの，しばらく経ってからは石英ガラス製のものを入手して使えるようになった（図12.1のもの）．

　研究室には金文澤君が技官として在籍していて，ガラス細工もこなしていた．金君は細工の前の準備を丁寧にすすめていたし，大変器用であった．そこで，佐藤氏に教わった方法に従って，ガラス細工で「置きつぎ」をしている現場で，2日間ほど口を出してみた．これで，金君は，筆者の言おうとしていることを，ほとんど理解してくれた．その後は短期間で上達して，筆者よりはるかに上手になってしまった．研究室に所属していた大学院生などが，かなり教えたり講習会に行ってもらったりしてもガラス細工に苦労していたのは，金君がいたために任せきりになり練習不足だったのかも知れない．

　ガラス細工の「置きつぎ」の例を図12.6に示す．この図は，ヒックマン・ポンプの排気口側に増強したブースタ・ポンプの周辺のもので，だいたい直径20 mmのガラス管で配管してあり，たぶん筆者の細工である．このような細工には付帯作業を含めて，（接続箇所の数）×30分，程度の時間がかかった．ブースタ・ポンプは図12.7に示すように，ヒックマン・ポンプの排気口側のノズルと同様な上向きのノズルを持ち，油蒸気の蒸発速度を増すためにボイラ（作動液）の温度を高くし，ノズルから出た噴流の当たる壁面を水冷するなどの工夫をした一段のポンプである．ヒックマン・ポンプの背圧を下げて排気の効率を高めるために，排気口と油回転ポンプ（補助ポンプ）の間に入れて使用する．図12.6では，中央より右にブースタ・ポンプが配置されている．ボイラはアスベストで保温されている．水冷のために水の配管をするのは，わずらわしいし危険でもあるので，水冷ジャケットには水のタンクを付けてある．ブースタ・ポンプで排気しているヒックマン・ポンプは，図の左の方に排気口側の上向きノズルの外壁部分が見えているが，その他の部分は，排気している

12. ガラス細工の周辺

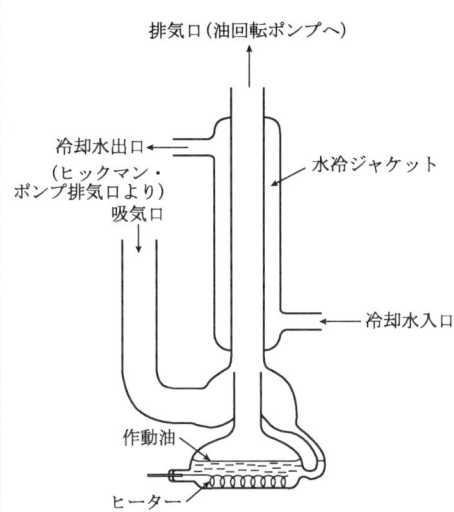

図 12.6 ブースタ・ポンプまわりの配管

図 12.7 ブースタ・ポンプ

真空容器の加熱脱ガス用オーブンを乗せる架台の下に隠れている．図の下方にガイスラー管とグリースを使う大小2個のコックが見える．大きい方のコック（右側．把手の付近が隠れている）は，ブースタ・ポンプと油回転ポンプをつなぐものであり，小さいコック（左側）は，大きいコックを閉じて油回転ポンプの運転を止めたときに，油回転ポンプの吸気口側の空間を大気圧にするためのリーク・コックである．真空のままにしておくと，この空間に油回転ポンプの中の作動油が大気に押されて入ってきてしまう．ブースタ・ポンプと大きいコックを結ぶ配管で図の右の方に立ち上っている部分の中ほどに，先端を細く引いて封じた直径10 mmくらいの細い管が付いているが，この管はガラス細工のときに，ゴム管を経て口からブロー（呼気）を送り込むための入り口である．

　ブローは，ガス・バーナーの炎の圧力で凹んだり，重力のために垂れ下がって変形したりしたガラス部分（主に管の継ぎ目）を成形するために必要である．全部の細工が完了してから閉じるので，細く引いて封じてある．再びガラ

ス細工をするときには，細く引いた部分を折ってブローを入れる口とする．

12.7　水銀の問題その他

　水銀を使う真空計や水銀拡散ポンプを取り付けたガラス製真空装置で，改修・修理などのためにガラス細工をする場合には水銀蒸気の発生が問題となる．作業を始める前に十分水銀を追い出したつもりでも，一日（8時間位）作業をしていると，のどが変になって声がかれて来るし，歯の治療に使っている金属の味が変って来る（表面にアマルガムができる？）．これらが身体に悪そうだということは想像に難くなく，いろいろ注意されている[11,12]．筆者は，水銀拡散ポンプと水銀ブースタ・ポンプを直列につないだ排気系をしばらく使っていたことがあったが，この時はフィネマ（Venema）型の液体窒素冷却トラップ[5]（液体窒素が蒸発して減っても冷却面積の減少が少ない）の設計に問題があり，ガラスの接合部に水滴の溜ることが原因となって，作動中にひびが入る事故が多かった．事故のたびにポンプを洗浄し，新しい水銀を入れて組み立て直していたが，4回目にとうとう降参してヒックマン・ポンプの系（作動液はシリコン油DC705）に切り替えてしまった．真空的な性能は水銀拡散ポンプの系の方が優れていたので残念であった．

　ガラス細工の中には，さまざまな形のガラスと金属，セラミックスと金属の接合も含まれる．実際，筆者がマツダ研究所に入った時の最初の研究テーマは，ガラスと金属の接着であった．ちょうど，ブラウン管の各部分を型押しで作って機械で溶接し，テレビ用ブラウン管の量産を目指していた時期であった．その少し後にはブラウン管のコーンの部分を金属で作る（カラー化への準備）とか，自動車のヘッドライトが電球からシールド・ビーム（現在の形）に変るとか，極超短波の板極管の製作が盛んになるとかいう事態が続いたので，ガラスと金属の両面から勉強させられた[13-16]．しかし，結局は文献上だけの話にとどまり，自分で手がけた実験はほんの少しであった[16]．そのため，この領域ではコール（W. H. Kohl）の著書[17]が良く書けていると言える程度の知識しか残っていない．コールの著書は，その後の改訂と加筆によって，真空用材

料一般の立場からずっと使うことができた[18,19]．

　1974年に第6回真空科学国際会議・第2回固体表面国際会議が京都で開催された頃，筆者らの研究室にも本格的な金属製超高真空装置が入り始めた．それから後も，ガラス製真空装置は残っていたし，金属製の装置でも試料気体はガラス・ボンベ入りのものを使っていたので，ガラス細工を手がけることはあった．しかし，ガラス製装置は少しずつ減って行き，ガラス細工の機会も減ってしまった．大学卒業後30年位の付き合いであった．

〔文　献〕

1) 例えば，湯川秀樹：旅人，人間の記録vol.33（日本図書センター，1997）pp.209, 215.
2) 例えば，高木貞恵：化学者の為の硝子細工法（産業図書，1946）．
3) J. Strong: Procedures in Experimental Physics (Prentice-Hall, 1938) Chap.1.
4) 井上太郎：旧制高校生の東京敗戦日記，平凡社新書035（平凡社，2000）p.170.
5) 辻　泰：日本物理学会誌，**22** (1967) 229.
6) B. J. Todd: J. Appl. Phys., **26** (1955) 1238, **27** (1956) 1209.
7) D. Alpert: J. Appl. Phys., **24** (1953) 860.
8) 辻　泰：真空，**2** (1959) 237.
9) S. J. Gregg and K. S. W. Sing: Adsorption, Surface Area and Porosity (Academic Press, 1982) Chap. 2.
10) 岡本宏章，辻　泰：真空技術，**7** (1956) p.45.
11) C. Goodman: Rev. Sci. Instrum., **9** (1938) 233.
12) J. Strong: 前掲書（文献3）p.540.
13) G. W. Morey: The Properties of Glass (Reinhold Pub. 1938).
14) J. E. Stanworth: Physical Properties of Glass (Oxford, Clarendon Press, 1950).
15) J. H. Partridge: Glass-to-Metal Seals (The Society of Glass Technology, Sheffield, 1949).
16) 辻　泰：真空，**36** (1993) 763.
17) W.H.Kohl: Materials Technology for Electron Tubes (Reinhold Pub. 1951).
18) W.H.Kohl: Materials and Techniques for Electron Tubes (Reinhold Pub. Kinokuniya, 1960).
19) W.H.Kohl: Handbook of Materials and Techniques for Vacuum Devices (Reinhold Pub. 1967)

13. 真空の教科書－私の 1950 年代

13.1 1950 年代の状況

　1945年8月15日に第二次世界大戦が終った時，筆者は都立高等学校（旧制）高等科理科2年生であった．学校は9月中旬頃から講義を再開したが，食糧難と物資不足に悩まされた．心身の健康を損った友人も多く，留年，理科から文科への転科などによって，半年位の間に40名のクラスが25名位に減ってしまった．教科書，参考書も自宅の焼失などによって無くなり，多少のものは神田・本郷の古書店（幸いにも両方とも焼け残っていた）で調達したにしても，勉強は講義のノートに頼る率が大きかった．しかし，ノートも配給でしか入手できず，1学期間に一人2～3冊の粗悪なものが来る位で，全く不足であったので，前に使ったノートの未使用部分を再利用するなどしていた．筆者は，偶然入手できた比較的紙質の良い書類の裏を使ったりしていたが，特に有機化学（金田一雄教授）の一年分の講義ノートを，この裏紙で取ったことが忘れられない．

　若い人達を早く戦争に駆り出すために，高等学校，大学などの学年が短縮され，本来3年制だった高等学校は2年制になってしまっていたので，戦争終結の時点では翌年の3月に大学の入学試験を受けねばならないことになっていた．困ったことになったと思っていたが，1946年1月に幣原内閣の文部大臣が前田多門氏から，第一高等学校の名校長といわれた安倍能成氏に変った直後に，学年短縮が廃止されたので一寸ほっとした．大学側は入試を止めなかったので，1946年4月にも少数の学生が入学したはずである．

　1947年4月に東京大学第二工学部物理工学科に入学したが，物資不足は少しは改善されたものの相変らずで，ノートも不十分な量しか配給されなかっ

13. 真空の教科書－私の1950年代　　　　　　　　　　　　　　　135

た.参考書も古書店で買える位で,値段も高く入手しにくかった.そのような中で,大学の購買部（?）を通じて「寺沢寛一;自然科学者のための数学概論（岩波書店,昭和19年10月15日第14刷発行,定価7円50銭）」を思いがけず入手できた時は,非常に嬉しかったので,今でも大切に持っている.当時としては紙質も比較的良いものであった.しかし,品物が無いということのほかに,経済的理由で,こういう本を入手できない人もたくさんいた時代である.

　大学を卒業して,1950年4月から東京大学理工学研究所の熊谷寛夫先生の研究室に大学院生として入れていただき,真空の研究のお手伝いをすることになった.この頃,真空の研究に興味を持った原因の一つは,ストロング（J. Strong）の物理実験の本（後出）を拾い読みしたことにある.

　本章では,ここで述べたような状況の後で,筆者が世話になった教科書について紹介する.

13.2　気体分子運動論

13.2.1　E.H.Kennard: Kinetic Theory of Gases with an Introduction to Statistical Mechanics（McGraw–Hill Book Co., New York, 1938, pp.483）

真空の研究を志すときに，最初に勉強する基礎的な問題の一つは気体分子運動論である．この分野で，1950年頃に入手できた教科書としてはケナード (E. H. Kennard) の本があった．ケナードの本には，「低密度気体の性質 (Properties of Gases at Low Densities)」という章が設けられていて，長い円形導管の分子流におけるコンダクタンスの式の導出などが，かなり詳しく説明されている．低密度気体の章はレーブ (L. B. Loeb) の本[1]にもあるが，気体分子運動論の本に一般的に取り上げられているものではない．ケナードの本で気体分子運動論を勉強した真空関係者が多かったのは，比較的入手し易かったことも原因の一つだと思うが，幸いであった．今，見ても広い範囲をカバーしており，良くできている標準的な教科書である．

ケナードの本の影響は案外手近かなところに残っている．例えば，表面への気体分子の入射頻度を表す記号に Γ ($=1/4\ (n\bar{v})$，n：気体の分子密度，$\bar{v}$：気体分子の平均速度) を使用することが比較的多いが，これはケナードの本で使われているのが元になっているのかも知れない．また，気体分子の平均自由行程が装置の代表的寸法（円管の中の流れなら管の直径）より遥かに大きい場合，「分子条件」が成立しているという表現が使われるが，ケナードの本で「自由分子特性 (*free-molecule* behavior)」という説明の後に，「分子の (*molecular*)」が同じ意義で使われるという記述のあることが，その原因になっているのかも知れない．

13.2.2 R.D.Present: Kinetic Theory of Gases (McGraw-Hill Book Co., New York, 1958, pp.280)

1950年代の終り頃に出版されたので，実際に使ったのは1960年代に入ってからである．この本には，低密度気体という章は無いが，マクスウェル (J. C. Maxwell) 分布およびそれからの展開が丁寧に説明されている．また，短かくはあるが，基礎的な実験の章が設けられている．多くの点でケナードの本とは違うが，説明が明快なので大分世話になった．

13.3 真空技術

13.3.1 J.Strong: Procedures in Experimental Physics（Prentice-Hall Inc., New York, 1938, pp.642）

　ストロング（J.Strong）はパロマー（Palomar）山の200インチ望遠鏡の反射鏡にアルミニウムの蒸着を行った研究者で，当時はカリフォルニア工科大学の奨学生（27才）であったという[2]．筆者が，この本に出会ったのは，戦時中に動員されていた鈴木桃太郎教授（都立高等学校）の研究室であったが，今，手許にあるのは大学の1〜2年生の時に古書店で入手したものである．
　本文は14章に分かれており，ガラス細工・研磨から機械工作，光電管，鋳物の作り方など多方面のことが書かれている．第4章（58頁分）が真空技術にあてられており，第5章は薄膜作成である．真空技術に関しては実際的な書き方であるが，気体の性質，真空ポンプ，真空部品，真空計と一通り書かれている．油を拡散ポンプの作動液に使うことが提案されてから（1928年）[3]，あまり時間が経過していないので，水銀拡散ポンプと比較して，油拡散ポンプの長所がまとめられている．真空系の実例として，X線管の排気系（1段のガラス製水銀拡散ポンプ，液体空気冷却トラップ，マクラウド（McLeod）真空計，

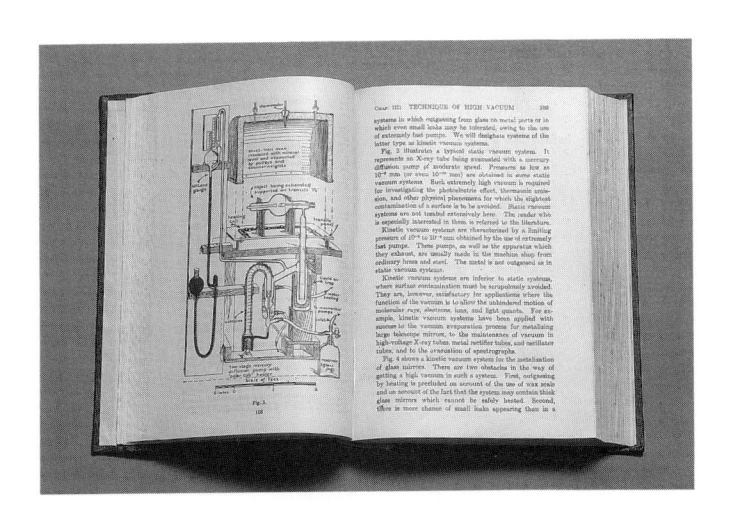

加熱炉）と，ガラス製ベルジャーを用いた蒸着装置（6インチと2インチの金属製油拡散ポンプ，ガイスラー（Geissler）管，クヌーセン（Knudsen）真空計）があげられているが，当時の様子を知るという意味で興味深い．

13.3.2　熊谷寛夫．柴田英夫，山田和郎，岩永賢三：真空（山海堂，昭和24年10月10日発行，定価110円，153頁）

　1950年に熊谷研究室に入れて頂いた時には，この本が出版されていた．先生から渡されたのかも知れない．山田和郎氏は後の大野和郎教授（東大物性研）である．A5判位の小冊子で紙質は非常に悪く，今では取り扱うのに崩れないかと心配する位である．しかし，戦後間もない時期に，このような本が出版されたということは，当時の疲弊した状態を知る者にとっては驚くばかりである．巻末にある他の科学・技術書の広告を見ても，復興にかけた意気込みが伝わって来るような気がする．

　内容は小冊子にもかかわらず，気体分子運動論，長い円管のコンダクタンス，油回転ポンプ，油拡散ポンプ，真空計など，要点は要領よく書かれている．回転真空ポンプの章には，当時，熊谷研で行われていた最新の研究結果が取り入れられている[4-6]．近頃では忘れられかけている油の重要な役割り（排気弁とロータとの間の死客積を埋める）が，生き生きと書かれているのは貴重である．この本をベースにして，超高真空の章などを加えたと思われる下記の本が，B5判で出版されている．

熊谷寛夫，柴田英夫，大野和郎，岩永賢三：真空概論（山海堂，昭和36年4月20日重版発行，定価280円，pp.135）．

13.3.3　S.Dushman: Scientific Foundations of Vacuum Technique (John Wiley & Sons, Inc., New York, 1949, pp.822, $15.00)

13. 真空の教科書－私の1950年代

　図書の輸入が再開されてから，筆者が始めて見た洋書がダッシュマン（S. Dushman）の本であった．どこで見たのか覚えていないが，立派な本なので驚いた．

　この本は，前半に気体分子運動論，気体の流れ，真空ポンプ，真空計などの真空技術がまとめられている．記述は具体的で，良く使われる式は定数に数値を入れたものも示してあることが多く，使用している記号もケナードの本などとは異なっていて，全体に工学的な感じがする．重要な文献の抜粋が，小さな活字で本文の間に組み込まれているのは，文献の入手が困難だった頃には有難かったし，現在でも役に立つ．本の後半は，気体分子と固体（ガラスと金属などの材料）との相互作用に関するもので，吸着，拡散，気体放出などが書かれている．表面や材料の研究が進んでいなかった頃のことだから，現象論的な内容であるが，この部分は，現在に至るまでの真空の教科書の中でも独特のもので，ゼネラル・エレクトリック社（General Electric Co.）の研究所で電子管の製造に関係した，ダッシュマンならではのものであろう．全体を通して，細かい項目に細分化してカードで整理しておいたら，相当に役立つのではないかという印象を与えるような本である．

　ダッシュマンの本は，1962年にラファティー（J. M. Lafferty）の編集で，ゼネラル・エレクトリック社の研究所の人達が分担執筆し，S. Dushman (J. M. Lafferty ed.) : Scientific Foundations of Vacuum Technique, 2nd ed. (John Wiley & Sons, 1962, pp.806) が出版されている．大体の構成（前半が真空技術，後半が材料）は変らないで，806頁になっており，新しい結果が入っているのは有難かった．しかし，教科書としては，ダッシュマンが単独で書いた旧版の方が魅力がある．

　さらに，1998年には，ラファティーの編集で，デイトン（B. B. Dayton），

レッドヘッド（P. A. Redhead）らも含めた新しい執筆者を集め，序文に書いてあるようにダッシュマンの本（1949年）の流れを受け継ぐものとして，J. M.Lafferty ed. :Foundations of Vacuum Science and Technology（John Wiley & Sons., 1998, pp.728）が出版されている．多くの項目が良く書かれていて優れた教科書だと思うが，表面現象や材料の部分が縮小されて，真空技術が大部分を占める常識的な構成になっている．

13.3.4　A. Guthrie & R.K.Wakerling eds. : Vacuum Equipment and Techniques; National Nuclear Energy Series, Manhattan Project Technical Section, Division I-Volume 1（McGraw-Hill Book Co., Inc., New York, 1949, pp.264）

原子爆弾の開発過程で開発した技術の一部を公開する，という目的で刊行された図書（予定では60巻）の中の一冊である．第Ⅰ部（Division I）というのはウラニウム235の分離を電磁的に行うプロジェクトだということで，リリエンソール（D.E.Lilienthal）（米国原子力委員会委員長）やローレンス（E.O.Lawrence）（カリフォルニア大，放射線研究所長）の序文がついている．

内容は，希薄気体の性質，コンダクタンス，ポンプ，真空計，部品，漏れ探し，と真空技術全般にわたっている．章の構成は，現在の一般的な教科書の原形と言えるような形をしている．式の形や説明が筆者には比較的なじみやすかった．手頃な厚さの本なので良く利用した．

13.4　真空用材料

13.4.1（ⅰ）W.H.Kohl: Materials Technology for Electron Tubes (Reinhold Pub. Co., New York, 1951, pp.493, $10.00)
（ⅱ）W.H.Kohl: Materials and Techniques for Electron Tubes; A Complete Revised Edition of "Materials Technology for Electron Tubes" (Reinhold Pub. Co., New York, Kinokuniya Bookstore Co., Ltd., Tokyo, 1960, pp.638)

(iii) W.H.Kohl: Handbook of Materials and Techniques for Vacuum Devices (Reinhold Pub. Co., New York, 1967, pp.623. AIP Press, American Institute of Physics, New York, 1995)

東京芝浦電気株式会社マツダ研究所に勤務するようになった（1952年）最初の頃は，金属とガラスの接着を研究することになっていた．周囲にも材料関係の研究者が多かったので，電子管用材料について関心を持つようになった．

ちょうどその頃，コール（W. H. Kohl）の本（i）が出版され，図書室に入ったものを見て優れた参考書だという感じを受けた．しかし，帯出希望者が多くてしばらくは手に取れそうもなかったので，思い切って購入した．

コールの本は，ガラス，セラミックス，カーボンとグラファイト，金属各種（W, Mo, Ta, Ni, Cu）が材料ごとに独立の章として取り上げられているだけでなく，それらの間の接合について，かなり詳しく書かれているので，筆者の目的に合っていて大いに助かった．また，電子放射材料，熱陰極の構造などについても具体的に書かれている．しかし，ダッシュマンの本の後半のような，気体分子と固体との相互作用については全く触れられていない．

コールは10年後に（ii）を書いたが，この本は（i）よりもさらに良く整理されていて，大変使いやすい．紀伊国屋から出版されていた．その7年後には大判化された（iii）が出版されている．当然，新しい本の方が内容は豊富になっているが，編集の大筋は変っていない．筆者が材料について調べる場合は，まず（iii）を見るが（ii）を併用することも少なくない．1995年のAIP版では，1967年版の中の誤が修正されている．

真空技術の立場からステンレス鋼やアルミニウムについて書かれた本がほし

いと思うが，そういうものは無いので，真空夏季大学のテキストが貴重になる（後述）．

13.4.2 その他

(a) J. H.Partridge：Glass-to-Metal Seals（The Society of Glass Technology, Sheffield, 1949, pp.238）

マツダ研究所で金属とガラスの接着を調べていた時に勉強した．内容は接着後の歪についての記述が多い．筆者は接着の機構について知りたかったのだが，その目的を満たしてくれる本は無かった．コールの本でも書かれているのは接着の技術であって機構ではない．

(b) エスペ，クノール著：真空管材料学（船曳春吉訳，有隣堂，昭和20年2月15日発行，539頁，定価10円）

この本は W. Espe und M.Knoll: Werkstoffkunde der Hochvakuumtechnik (Springer, Berlin, 1938) の訳である．内容はコールの著書と良く似ているし，コールも多数回引用している．書き方は教科書的であるが，コールの著書が出版されるまでは，電子管用材料を知るためには唯一の本であった．こういう本が戦争末期の1945年に出版されていたとは，今回，発売年月日を調べてみて改めて驚いた．さすがに物資不足を反映して一帖ごとに質の異なる紙が使われていて，本を平らに置いて横から見ると紙質の違いが縞になって見える．

13.5　1960年代以降についての補足

1960年以降にも良い教科書はたくさん出版されている．それらを取り上げるのは，本章の主題から外れるが，下記の5冊は特に役立ったので，補足として取り上げておきたい．なお，ダッシュマンとコールの本は最初の優れた版が1950年代に出版されているので，それらの項で1960年代以降に出版された改訂版も取り上げた．

(a) N. V. Cherepnin : Treaties of Materials for Use in High Vacuum Equipment (Ordentlich, Holon, Israel, 1976, pp.192)

　タイプ印刷の本なので内容は少ない．ロシア語からの英訳出版だが詳細はわからない．ダッシュマンの本の後半に近く，材料や表面の処理，そこで起きている現象を要領良く書いてある．ダッシュマンの本より一般性のある書き方をしてある所が多いので，真空用材料を基礎的に考えるときに役立った．

(b) R.A.Haefer : Cryopumping; Theory and Practice (Transleted by J. Shipwright and R.G.Scurlock, Clarendon Press, Oxford, 1989, pp.435)

　1981年に出版されたドイツ語版からの英訳．前半はクライオポンプに必要な，低温面が存在する場合の排気速度測定や圧力測定，低温面への気体分子の凝縮係数などに関する基礎的な問題を取り上げている．真空配管を接続する時のコンダクタンスの計算を，通過確率の合成から入っているのは，低温面の存在する場合の取り扱いにつながるためかと思われるが，他の教科書に比べて特色がある．後半は，具体的な各種のクライオポンプの説明である．

(c) J. H.Leck: Total and Partial Pressure Measurement in Vacuum Systems (Blackie & Son Ltd., Glasgow, 1989, pp.201)

　レック（J. H. Leck）が1957年に書いた"Pressure Measurement in Vacuum systems"（The Institute of Physics, London, 1957, pp.144）では，ピラニ真空計に比重がかかり過ぎているように思った．本書には，その後レックが手掛けた四極子型質量分析計その他の研究の成果が取り入れられており，全体の構成がバランス良く改善されている．内容は十分に練られた感じであり，重要な文献もかなり引用されている．圧力測定関係で調べる時には，まず最初に取り上げる本になっている．英文は明解，平易であり読みやすい．

(d) K.M.Welch : Capture Pumping Technology, An Introduction（Pergamon Press, Oxford, 1991, pp.359)

　スパッタ・イオン・ポンプ，ゲッター・ポンプ，クライオポンプについて，使用する場合に必要な特性をかなり詳細に書いてある．引用文献も重要なもの

は網羅されていると思ってよいであろう．いかにも，実際に多くのポンプの開発にたずさわり使用経験も豊富な筆者が，蘊蓄を傾けたという感じの本で，読んでいて面白い．ただし，読みやすい文章ではない．

(e) 真空夏季大学テキスト（日本真空協会）

2007年に第45回を開催した真空夏季大学のテキストは，やはり落すことはできないであろう．第1回からの内容の時代による変遷は，野中秀彦氏の詳しい調査で明らかになっているが，最近では，気体分子運動論，希薄気体（真空中）の流れ，分子と表面の相互作用などの基礎的分野と材料に重点が置かれている．また，十分に検討された問題が多数載っているのは，他には無い特徴であり，問題には教えられる点が多い．

〔文　献〕
1) L. B. Loeb: The Kinetic Theory of Gases (Dover Pub,, 1961).
2) D.O.ウッドベリー著：パロマーの巨人望遠鏡（下）岩波文庫，青942-2（関 正雄，湯澤 博，相成 恭二訳，岩波書店，2002年）p.196.
3) C.R.Burch: Nature **122** (1928) 729. P. A. Redhead ed. :History of Vacuum Science and Technology, Vol.2, Vacuum Science and Technology;Pioneers of the 20th Century (AIP press, 1994) p.184 に再録．
4) 山田和郎，岩永賢三，柴田英夫：東京大学理工学研究所報告，**2** (1.2) (1948) 12.
5) 柴田英夫，山田和郎，岩永賢三：東京大学理工学研究所報告，**2** (1.2) (1948) 14.
6) 岩永賢三，山田和郎：東京大学理工学研究所報告，**2** (1.2) (1948) 17.

14. CERNとジュネーブの気圧計

14.1　CERNの加速器

　欧州原子核研究機構（CERN: Conseil Européen pour la Recherche Nucléaire, 現在の名称は，Organisation Européen pour la Recherche Nucléaireであるが，略称はCERNのままとしている）は世界で最も大きい素粒子物理学研究センターで，ヨーロッパで初めての共同事業の一つとして1954年にジュネーブに設立された．規模の大きさを示す数字（1996年度）として，加盟国19（すべて欧州．設立当時は12カ国），所員2800人，年間予算9.38億スイスフラン，加速器利用ユーザー年間延べ6500人（世界80カ国の500の大学・研究所から）などが手許の資料に記載されている．なお，日本は1995年からオブザーバーの地位を得，実験・建設の両面でより緊密な協力を行なっている．
　ジュネーブ市街から西へ10 kmの畑の中に巨大な加速器システムがあり，電子・陽電子，陽子・反陽子，さらにイオンなどの粒子を発生・加速・蓄積し衝突実験を行なっている．システムのうち最大のものはLEPと呼ばれる電子・陽電子衝突型加速器で，地下約100 mに設置された直径9 kmのリングの東端はジュネーブ国際空港の滑走路近くまで，また，西端はジュラ山脈の山裾まで迫っている．スイスとフランスの国境がこのリングを縦断しており，文字どおりの国際機関であることを感じさせる．研究所からはモン・ブラン，さらにはレマン湖の大噴水も見え眺めの良い場所である．筆者が滞在したのは1998年5月から10月までの6カ月間だったので，菜の花，小麦，向日葵，葡萄と季節に応じた畑の色の変化が楽しめた．
　数十年前の加速器が発明されて開発段階にあった頃には，それを利用する側の人が設計や調整に直接携わっていた．この段階では加速器を作り上げて原子

核実験を志した研究者が真空技術にも深く関与し，真空技術の物理学的基礎を固めるのに大いに貢献した．現在の大型加速器においては，高電圧，高周波，データ処理，真空，低温，精密機械，材料，放射線など多岐の分野にわたる技術の融合が要求され，スペシャリストとしてのエンジニアを多数必要とする．CERNは設立当初からこのエンジニアリングの重要性を認識し，欧州各国から優秀なエンジニアを多数採用しプロフェッショナル集団の組織作りを行なった．このような一種の専業化システムが，現在までのCERNの数多くの実績を支えてきた．これはさらに，加速器を支えただけでなく，多くの応用技術や新しい研究分野も生み出したが，一例として，ワールドワイド・ウェッブ（W.W.W.）もここで開発されたものである．筆者が実験準備のためにハンダ付けや配管を行なっていたら，所員のひとりに「日本ではプロフェッサーがハンダ付けをするのか」と聞かれ，「フランジも締めるし，部品の設計図も描く」と多少得意げに答えたら，「それは非常に良いことだ．幅広く物を知り，実体のある実験ができる．だけど，大きい加速器は造れない」と言われ，絶句したことがあった．専業化が万能とは思わないが，日本の大型加速器建設について考えさせられた．

現在CERNでは，LEPのシャットダウン（2000年）後にその巨大なトンネルを利用して建設が予定されているLHC（大型ハドロン衝突型加速器）の準備に追われている．これを利用して7 TeVに加速した陽子どうしを衝突させ，ヒッグス・ボソンという素粒子を発見するのが当面の目標である．加速器建設に際し問題となるであろう項目について研究プロジェクト（45項目）を90年度から発足させ，技術開発や，各部品の最終仕様をきめるための試作・試験を行なってきている．この加速器の最大の特徴は，2.17 K以下の超流動ヘリウムを用いて超伝導電磁石を冷却し，高エネルギー陽子の軌道制御に必要とされる8 T以上の強磁場を得ようとする点である．4.2 Kのヘリウムで冷却した超伝導電磁石で得られる5 T程度の磁場を使用した加速器は現在でも存在するが，超流動ヘリウムを周長27 kmのリングのほぼ大部分にわたって利用する試みは初めてである．

図14.1は，使用を予定されている超伝導四重極電磁石のモデルであり，2本

14. CERNとジュネーブの気圧計

図14.1 超伝導四重極電磁石の模型

2本の超高真空ビーム・パイプ（内径49 mm）の中を，加速された陽子がそれぞれ反対方向に周回する．十字形の四重極電磁石，その周囲に支え金具，さらにその外側を鉄のヨーク（黒い部分）が囲む．全体は超流動ヘリウムで冷却される．

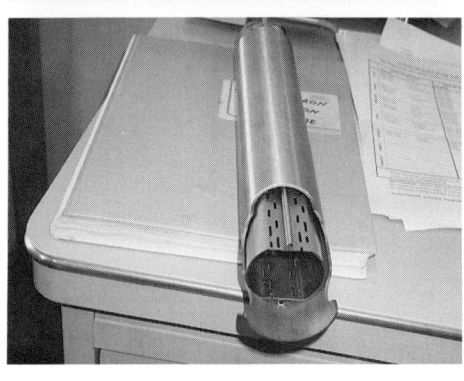

図14.2 ビーム・パイプ（外側）とビーム・スクリーン（内側）

ビーム・スクリーン内面には50 mmの無酸素銅が圧延接合されている．ビーム・パイプとビーム・スクリーンはそれぞれ1.9K，および，5〜20K に冷却され，ビーム・パイプ内壁をクライオ・ポンプとして利用する．

のビーム・パイプが貫通している．図14.2はそのビーム・パイプの試作品で，外筒のビーム・パイプの内側に穴の開いたパイプ（ビーム・スクリーンと呼ばれる）が配置されている．これらについて，例えば以下のような様々な視点から検討が続けられている．

・ビーム・パイプの位置精度を確保する方法；冷却時に起きる収縮の補償．
・パイプに発生する渦電流の影響；何らかの事故でヘリウムがクェンチした場合の，渦電流の作る力によるパイプの変形．
・ステンレス鋼材料の選択；渦電流による変形を避けるために十分な機械的強度と所定の磁場精度を確保できる透磁率とを合わせ持つ材料．

- ビームに対するインピーダンス低減方法；ビームの周囲は導電性の高い金属で囲む（スクリーン）ことにより，インピーダンスを下げることができる．ステンレス鋼ビーム・スクリーン内面への無酸素銅シートの接合法（ステンレス鋼材の圧延時に同時に接合）．

など機械的な課題からはじまり，リークテストはどう行なうかなどの実際の設置現場を想定した問題まで幅広い．

さらに，パイプ壁面をクライオ・ポンプとして利用するため，
- 水素の飽和吸着量および吸着エネルギーに及ぼす表面処理法の違いによる影響．
- 放射光照射による光刺激脱離・光電子放出と表面吸着量との関係．
- 二次電子放出係数と表面吸着量との関係，および放出された電子のダクト内での振舞い．
- 低温での水素や二酸化炭素分子の脱離過程．

など，極低温での材料表面物性に関する基礎的研究が行なわれている．これら様々な検討項目の結果を総合して，ビームパイプやビームスクリーンの材質・表面処理・製造工程，設置方法を決定し，さらに排気システムや，ビームスクリーンの運転時における最適温度をデザインしていかなければならない．

　真空グループは，physicist, engineer, technician あわせて50人程度であるが，これに所内の表面分析・材料研究グループが支援するとともに，欧州の大学からのフェローや，他の研究所からの協力研究員（筆者もそのひとりであった）も加わり設計や研究をこなしている．基礎的物性研究と加速器の実際の設計は強く結びつくものであるが，CERNの真空グループに関してはこれらがバランス良く進められているという印象を強く感じた．数十年以上にわたり，常に世界で最も大きい加速器，つまりは真空装置，を建設しそれに関わる研究・開発を続けてきた歴史と誇りもやはりあるようである．

14.2　17・18世紀の水銀柱気圧計

　さて，真空科学・技術に関する歴史といえば，ヨーロッパは300年以上の伝

14. CERNとジュネーブの気圧計

統を持つが, ジュネーブ滞在中にもそういう伝統を感じさせる光景を目にした. ジュネーブには時計店も多いがオプティシャン (眼鏡店) も多い. スイスは優れた精密機械技術を有し, また, 山岳地帯なので気象観測が盛んだからであろうか, こういう店舗でも眼鏡や望遠鏡とともにいろいろな高度計, 気圧計, 湿度計などが取り揃えられている. そこに, 登山用具として名高いスイス製の超精密高度計 (ダイヤフラム式) に混じって, 水銀柱を用いた気圧計も相当数売られていた. このようなものが家庭用に市販されていることもさることながら, さらに, それらの水銀気圧計が, 300年前に発明されたいろいろなタイプをそのまま復元したものであることに驚かされた.

1760年, ジュネーブ生まれの科学者ソーシュール (H.B.Saussure, 1740-1799) は, 目の前に聳えるモン・ブラン (4807 m) の初登頂者に賞金を与えると発表した. これには, 当時, 探検が貴族の趣味となりつつあっただけでなく, 自然科学の発展期という時代背景もあった. 特に, 真空や気体については, 「トリチェリの真空」(E. Torricelli, 1643年) 以来, パスカル (B. Pascal, 1653年) による「大気圧, 流体の平衡」の概念確立, さらにボイルの法則 (R.Boyle, 1660年) を経て「分子」の科学に近付いていた. 同時に, 「高度と気圧」の関係も研究されている時期でもあった. 実際, ハレー (E. Halley, 1685年) が最初の公式を提唱しており, これは, 後のラプラス (P. S. Laplace, 1789-1827) による多くの補正項を含めた高精度の測高公式に繋がっている. このような中で, ソーシュールと同じジュネーブ生まれの科学者ド・ルック (J. A. De Luc, 1727-1817) は, それまでに発明された水銀柱気圧計を研究・改良し[1], 携帯用気圧計を製作した (1763年). これは, ソーシュールが1787年にモン・ブランを登頂した際に実際持っていった. なお, モン・ブラン初登頂は, この前年, バルマ (J. Balmat, 1762-1834) とパカー (M. Paccard, 1757-1827) により成された.

ジュネーブの街で水銀柱気圧計を良く見かけるのは, こうしたいきさつがあったからでもあろう. ジュネーブ科学史博物館には, ド・ルック, ソーシュールの業績も展示されているが, 図14.3のような水銀柱気圧計の変遷が描かれたド・ルックの著作の一部を見ることができる (巻末の付表1も参照).

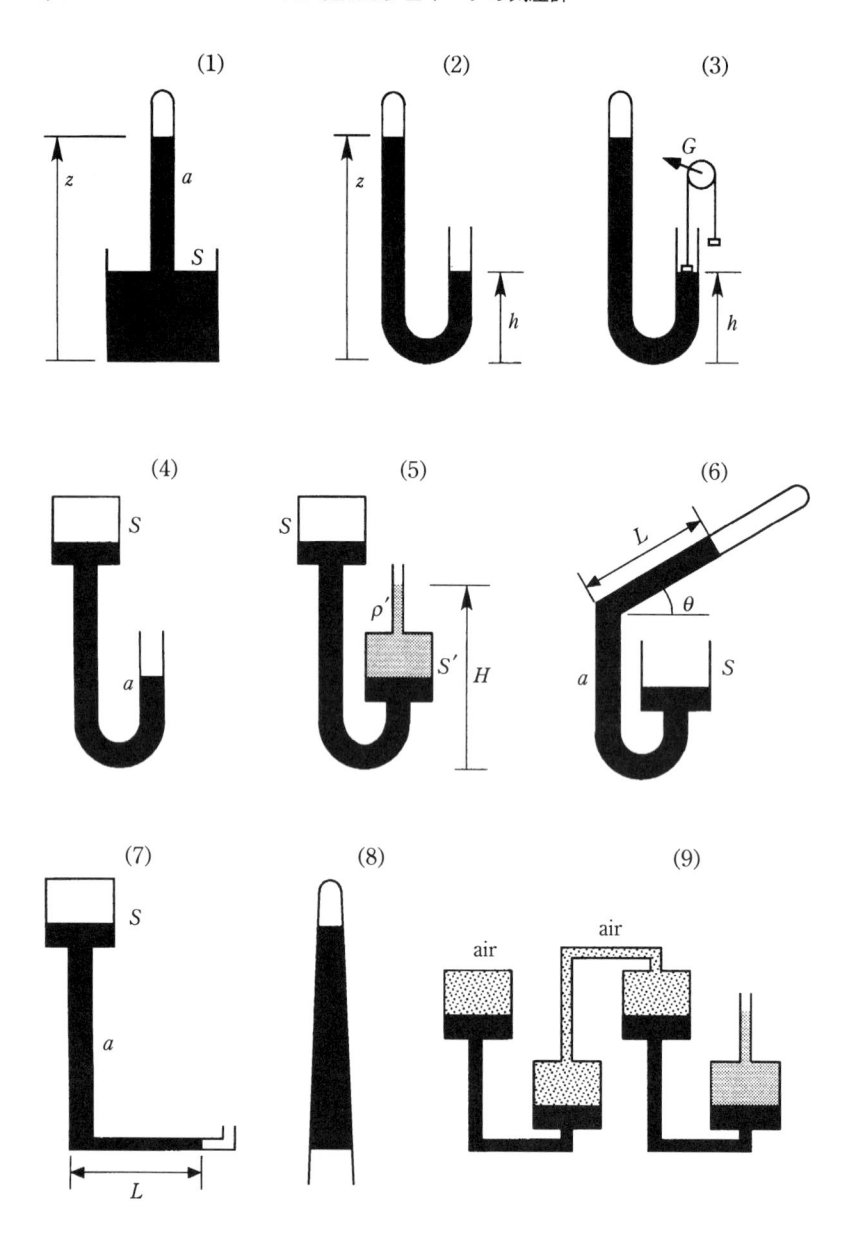

図 14.3 様々な水銀柱気圧計(ド・ルックの模式図)

(1)は1643年のトリチェリの実験そのものであり，水銀溜めの断面積Sがガラス管断面積aより充分大きい場合は，管内の液面の位置zを直接読み取ることにより（液面差でなくても）大気圧が観測できる．大気圧の変動と液面位置との間には次式が成り立つ．ρは水銀の比重で，gは重力加速度である．

$$\frac{dz}{dp} = \frac{S-a}{S}\frac{1}{\rho g} \approx \frac{1}{\rho g} \tag{14-1}$$

(2)は1663年にパスカルが考案したもので，サイフォンの仕組みを利用することにより水銀溜めが不要となる．この形のものは，6年後にボイルが製作したとされている．この場合は，大気圧の変動に対する真空側，大気圧側の液面位置（それぞれzとh）の動く量は等しいが，(1)に比べると半分になる．

$$\frac{dz}{dp} = -\frac{dh}{dp} = \frac{1}{2}\frac{1}{\rho g} \tag{14-2}$$

(3)は大気圧側の液面位置hの動きを軸の回転に変換し，そこに拡大機構（拡大率G）を付加したものである(1665年フック，R. Hooke)．

$$\frac{dh}{dp} = -G\frac{1}{2}\frac{1}{\rho g} \tag{14-3}$$

(4)は，サイフォン（管の断面積a）と真空側に球（円筒状，断面積S）とを組み合わせたもので，少なくとも1690年より以前には発明されていたとされている．Sがaより充分大きければ次式が使用できる．

$$\frac{dh}{dp} = -\frac{S}{S+a}\frac{1}{\rho g} \approx -\frac{1}{\rho g} \tag{14-4}$$

(5)は1672年のホイヘンス（C. Huygens）による考案で，細いガラス管に比重ρ'の着色液（油だと思われる）を添加している．この場合の着色液の液面位置Hの変動を計算すると，真空側と大気側の円筒の断面積を，それぞれS, S'として，

$$\frac{dH}{dp} = -\frac{1}{\dfrac{a}{S}\dfrac{S+S'}{S'} + \dfrac{\rho'}{\rho}}\frac{1}{\rho g} \tag{14-5}$$

となる．この工夫により着色液の液面は，(4)式に比べて十倍以上の動きとし

て大気圧の変動を示すことになる．なお，原案は1668年にフックが提案したとされている．

(6)はモーランド(S. Morland)による傾斜させたガラス管の気圧計で(1680年より前とされる)，さらに(7)は，ヨハン・ベルヌーイ(Johann Bernoulli)がこれを直角に曲げたものである(1770年)．いずれも屈曲部から測った水銀の長さをLとすれば，その動きはそれぞれ，

$$\frac{dL}{dp} = -\frac{S}{S\sin\theta + a}\frac{1}{\rho g} \tag{14-6}$$

$$\frac{dL}{dp} = -\frac{S}{a}\frac{1}{\rho g} \tag{14-7}$$

となり，水銀柱の動きを拡大している．

(8)は実際につくられたかどうか確かではないが，アモントン(G. Amontons)が1695年に円錐パイプの利用を考えたものである．なお，彼は，1688年に(9)に示すように，球に空気を導入して水銀柱を76 cm以下に短縮し，ボイルの法則を利用した気圧計を考案した．水銀の代りに水を用いた1室型のものは，簡易晴雨計として長い間用いられた（図14.4）．

このような変遷を見ると，錚々たる科学者たちが気圧計の改良（主として液

図14.4　1室型簡易晴雨計（科学おもちゃとして現在売られているもの）

図14.5 モーランドの水銀柱気圧計
(ジュネーブ科学史博物館)

図14.6 ホークスビーの2シリンダ型ピストン真空ポンプ
原形はボイルとフックによる空気ポンプで,後にボイルとパパンにより2シリンダ型となり,ホークスビーが改良を加えた.

面の動きを拡大すること)に携わっていることが分かり，水銀柱で得られた真空が当時いかに人々を魅了したかが理解される．博物館に飾られていた一例を図14.5に示す（モーランドの(6)に対応する）．なお，眼鏡店で売られていたものは，図14.3の(2), (3), (4), (5)などの複製であった．眼鏡店の近所で科学骨董店（こういうものがあること自体興味深い）を見つけ立ち寄ったところ，日本では博物館でしかお目にかかれないような，18世紀の携帯顕微鏡（レーヴェンフック((Leeuwenhoek)型，6万円）や，2シリンダピストン型真空ポンプ（ホークスビー (F. Hauksbee)型，18万円，図14.6）が販売されていたが，さらに，数々の水銀柱気圧計ももちろん並べられていた．ヨーロッパの多くの街がそうであるが，ジュネーブも，自然科学の発展の様子を身近に感じることができる街であった．

〔文　献〕

1) M. Archinard : De Luc et la recherche barométrique (Musée d'histoire des sciences de Genève, 1980).

コラム

「アンペールの家」見学記

1. リヨンとアンペール

　ホークスビー（F. Hauksbee）がそれまでの真空ポンプを改良し，複胴式ピストン型ポンプを実用化したのは1703年とされるが，彼はそれを用いて真空中の水銀蒸気の放電発光実験（1709年）を行った．真空と電気とが結びついた実験であった．巻末の年表で見るように，トリチェリによる真空の存在の証明（1643年）に始まったと言って良い物質の構成要素についての探求は，その後の200年にわたる気体の性質の解明へと繋がるが，この時期は，同時に，「電気と磁気」の本質を明らかにしていく時代でもあった．

　電気力学の創始者として名高いアンドレ・マリ・アンペール（André-Marie Ampère）は，1775年1月20日にフランスのリヨン（Lyon）で生まれた（図1）．リヨンはローマ時代から栄えた古い街で，近世は絹織物工業が盛んであった．ローヌ川を150 km遡ればジュネーブであり，実際，ローマはシーザーの時代にすでにここを拠点としてレマン湖畔にまで進出している．

　アンペールの父ジャン・ジャック・アンペール（1733-1793）は，ジュネーブ生れの思想家ジャン・ジャック・ルソー

図1　リヨン市地下鉄アンペール駅前のアンペールの銅像

(1712-1778)の信奉者で,息子が生まれると自らが教育するとともにその思想を教えた.この教育方針の結果,アンペールは生涯学校へ通ったことはなく,自学独学で数学,ラテン語,植物学などを修得した.また,ディドロ・ダランベールの百科全書から多くのものを学び,五十歳になっても項目の記載されているページを暗記していたという逸話も残されている.1793年,父がフランス革命の影響でギロティン台に消えたが,その心痛を徐々に克服し,1798年からはリヨンの自宅で家庭教師を始めた.1801年ブール・アン・ブレス(Bourg-en-Bresse)で物理学の講師になった後,リヨンのリセの教授などを経て1820年にはパリの天文学助教授となった.

アンペールが七歳の時,一家はポリミュー・モン・ドール(Poleymieux Monts d'Or)というリヨンの北約15 kmの郊外の別荘に移り住んだ.丘の上からはソーヌ川が望まれ,春にはリンゴの花が咲く美しい場所である.この家が現在「アンペールの家(Maison d'Ampère)」として保存されており,「電気の博物館(Musée de l'Électricité)」になっている(図2).リヨンの地下鉄駅Gare de Vaiseからバス(22番)に乗りChantemerleで下車,そこで84番に乗り換えるとMaison Ampèreという停車場があるのですぐ分かる.ただし,この84番のバスは昼の前後に1本ずつ,朝夕に2,3本しかない.また,日曜日には全く運転されていない.筆者は,リヨンの街での昼食(名物ブレス産地鶏のクリーム煮と川かますのクェネレ)に舌鼓を打っていたため,84番に乗り継げなくなってしまい,ついにヒッチハイクを余儀無くされた経験がある.

1927年,この家が競売に付された時,アメリカの篤志家がこれを買い取りフランス科学アカデミーに寄付,その後フランス電気協会が基金を設立,さらに1930年アンペール協会(Société des Amis d'André-Marie Ampère)が発足し,維持管理を行っている.保存といっても1階は管理人一家が通常の居住空間として利用しており,筆者が訪れた時も,おじさんは子供と一緒に庭で水を撒き,奥さんは台所でトマトを洗うというのどかな風景であった.

玄関の小さい扉を開けて三和土(たたき)を通り抜けると,木の床の部屋がいくつも続く.アンペール協会が収集した様々な古い実験装置・測定器あるいはその復元品,さらには学校の教材用機器や発電機などがテーマ毎に展示してあり,実際

図2 リヨン郊外の「アンペールの家」

に動かせるものもある.部屋にはテーマに因んでクーロン,ケルビンなどの名がついている.

2. アンペールの法則

　1800年にボルタ（A. Volta）が電堆を発明して以来,定常電流を用いた実験が可能になったが,1820年7月21日,エルステッド（H. Oersted）が,固定した導線の電流に感応してコンパスの針が「動く」ことを発見した.デンマークに立ち寄っていたアラゴー（D. F. Arago）がそれを知り,9月4日にパリの科学アカデミーで報告する前に,ジュネーブの物理学者ド・ラ・リーヴ（De La Rive）の家で実験を再現したとされている[1].リーヴの師であったアンペールも,当然,パリで公表される前にこれを知ったであろう.実際,電流の方向の定義や右ネジの法則を含む「二つの電流の相互作用」に関する彼の論文は,9月18日に発表されている（ビオとサヴァールの「電流の作る磁界」の論文は10月30日）.図3は,アンペールとリーヴが実験に用いた装置の一部で,布で絶縁した針金を木枠にまきつけたコイルや,電流の微弱な力を測定するため,

コイルを水に浮かすのに使ったコルクが見える．

図4は，エルステッドの実験に触発されたアンペールが行なった実験を模したものである．固定した棒磁石の上にコイルを吊るしたもので，今から見れば，単にエルステッドの逆の配置でしかないが，この環が回転する「力」を受けたことから，電流と磁界の間に作用反作用としての「力」，それも，電荷間に働くような直線上での引力・斥力だけでは説明しきれない「トルク」が働くことが確認された．この後，電流と磁場について定量的な解析を進め，「周回積分の法則（アンペールの定理）」を経て，1822年には，「電流間に働く力」の

図3　アンペールとド・ラ・リーヴが使った実験道具

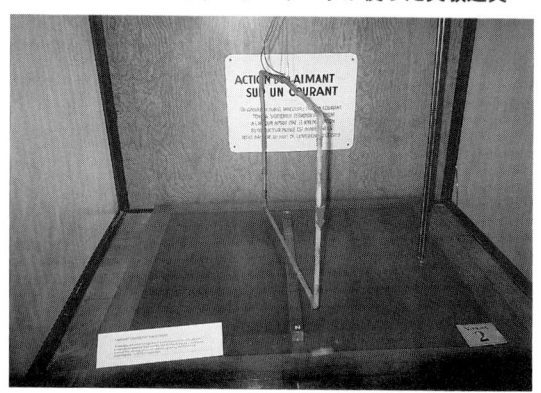

図4　アンペールの実験

一般式を得ている(平行でない場合も含む).これが,後にウェーバー(W. Weber)により完成された電気力学の嚆矢となった.アンペールが,ベクトルであるローレンツ力を,針金による実験だけから定式化していった背景には,彼の直観力と,微分幾何学などに対する優れた数学力があったからと想像される.ベクトル解析の基礎的手法としてのガウス(K. Gauss, 1829年)やストークス(G. Stokes, 1849年)の定理は当時まだなかった.

　1820年のアンペールの論文以来,電流と磁場の相互作用は多くの人を引き付けた.1821年,さっそくファラデー(M. Faraday)がモータの原理を発見した.図5はこれを分り易く再現したものである.可動接触子として,水銀溜めを用いている.アンペールも,棒磁石のかわりにコイルを使って,同様な回

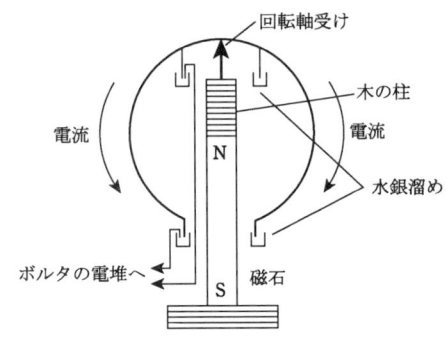

図5　ファラデーのモータ

転機構を作ったそうである．さらに，アンペールは棒磁石に直接電流を流して棒磁石自身を回転させようとした．彼は，電流は導体の中の粒子の束の動きであると理解しており，これ（現在で言う電流素片）が磁石の中にあっても，同じように力を受け，結果として磁石を回転させるトルクが生ずると考えたからである．アンペールの家には，棒磁石の一端から中央まで電流を流して棒磁石自身を回転させる模型が展示されていた．

さて，モータの逆，つまり，電磁誘導現象についても，アンペールは1822年にド・ラ・リーヴと誘導起電力の前駆的実験を行なった．しかし，法則の構築までには至らず，結局これは，アラゴーの円板（1824年）の発見を経て，1831年ファラデーにより法則化された．ただし，発電機の進歩へのアンペールの貢献は大きく，1832年にピクシー（N. Pixii）が考案した直流発電機（馬てい形磁石をコイルの下で回転させるもの）には，彼の整流子が使われた．

3. 静電誘導の模型

アンペールの家は「電気の博物館」とも呼ばれるだけに，電流と磁場に関する装置以外にもライデン瓶，電気盆，摩擦発電機をはじめ静電気に関する展示品も数多い．図6のショーケースもその一つである．1836年，ファラデーは

図6　静電気に関する装置

コラム 「アンペールの家」見学記 　　　　　　　　　　　161

自ら検電器を持って箱に入り，静電遮蔽の実験を行なった．ここには，実際に鳥が飼える「ファラデー・ケージ」が展示されている．その横の捕虫網には，「ファラデーのモスリン網」と言う名が付いている．モスリン（細い木綿糸の薄い織布）網は多少の導電性を有するため，帯電させても網の内側には電界は存在しない．次に網をサッと裏返すと，先ほどの外側は内側になるのであるが，この時も内側には電界がない．ガウスの定理を知っている我々には良く分かっているつもりの現象ではあるが，一度は試したくなる実験である．

　ケースの中央左は，「ファラデーの円筒」と呼ばれる内部が中空の金属円筒

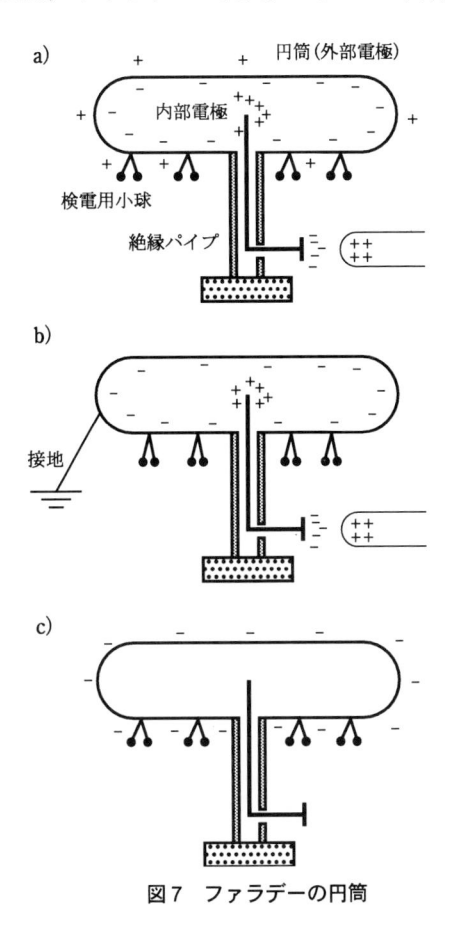

図7　ファラデーの円筒

（両端は半球で閉じてある）である．これを用いて，図7のように，電荷の移動もデモンストレーションできる．まず，内部の電極を利用して，静電誘導により円筒内面に電荷を帯電させる．この時，円筒外部にも，逆極性の電荷が誘起される．次にこの外部電荷を接地して取り去った後，内部電極による誘導を解除すると，円筒内面にいた電荷がたちまち円筒外側に移動するというものである．ガウスの定理の基となるクーロンの法則（C. Coulomb, 1785年）が発表されてから数十年，当時，導体が帯電した時その電荷がどこに存在するかは依然として問題であった．外表面に存在すると考えていた数少ない一人がファラデーである．

静電発電機も，ラムスデン（1770年，摩擦電気利用），ウィムスハースト（1882年，静電誘導利用），バン・デ・グラフ（1930年，放電と静電誘導利用）など様々飾られている．そして，ウィムスハーストの発電機と電気振り子を利用した楽器もあるが，これは中央とその周囲（4個）の鐘を置いて逆極性に帯電させ，鐘と鐘との隙間に軽い小さい金属球を糸で吊るしたものである．（電気振り子），その周囲に4個の鐘を置いたものである．振り子はどちらかの鐘に引き寄せられるが，一旦鐘に接触すると，その直後鐘から斥力を受け弾かれる．振り子の不規則な動きが楽しい音階を奏でるというしかけである．

以上，1998年の夏に訪れた，リヨン郊外の楽しい博物館である「アンペールの家」を紹介した．

参考文献

1) Robert Moise : "Maison d'Ampère Musée de l'Électricité Guide de la Visite" (Société des Amis d'André-Marie Ampère, 1996).

付表1. 年表（真空に関連する科学・技術・産業の主なできごと）

世紀	年	名前	（よみ）	生誕－没	概要
BC 7世紀		Thales	ターレス	BC 624頃-546頃	万物の原素（アルケー）は水である
BC 5世紀		Empedocles	エンペドクレス	BC 490頃-430頃	すべての物質は、土, 水, 空気, 火からなる
		Demokritos	デモクリトス	BC 460頃-370頃	真実にあるのはアトモン（元素）と空虚（真空）だ
BC 4世紀		Aristoteles	アリストテレス	BC 384-322	自然は決して無駄なものを作らない（真空の否定）
16世紀		Leonard da Vinci	ダ・ヴィンチ	1452-1519	自然科学の萌芽
17世紀	1624	P. Gassendi	ガッセンディ	1592-1655	運動する微粒子の存在と運動する前提条件としての真空（1658）
		G. Galilei	ガリレイ	1564-1642	自然の真空に対する抵抗力にも限界がある
	1640	G. Berti	ベルティ		10mの管に水を封入（真空実現の実験）
	1643	E. Torricelli / V. Viviani	トリチェリ ヴィヴィアーニ	1608-1647 1622-1703	真空の実在を証明（水銀柱はいつも76cmの高さ）．ヴィヴィアーニはトリチェリの弟子で、実際に実験を行った
	1647	B. Pascal	パスカル	1623-1662	真空と大気圧の概念を確立 "真空に関する新実験", "流体の平衡に関する大実験談（1648）"
	1650	O. von Guericke	ゲーリケ	1602-1686	空気ポンプの発明．マグデブルグの半球(1654)「自然科学の分野では、さわやかな弁舌や巧みな議論はなんの役にも立たない」
	1660	Prince Rupert	ルパート公	1619-1682	回転式排水用ポンプ
	1662	R. Boyle	ボイル	1627-1691	pV（圧力と体積の積）= 一定（温度一定の下で）
	1665	R. Hooke	フック	1635-1703	水銀柱型気圧計の工夫
	1672	C. Huygens	ホイヘンス	1629-1695	水銀柱型気圧計の工夫

付表1. 年表

世紀	年	名前	(よみ)	生誕－没	概要
	1679	D. Papin	パパン	1647-1712	圧力鍋の発明．蒸気機関の実験（1695）．ホイヘンスやフックの助手でもあった
	1680	S. Morland	モーランド	1625-1695	水銀柱型気圧計の工夫
	1682	R. Boyle / D. Papin	ボイル パパン	1627-1691 1647-1712	2気筒空気ポンプの発明
	1695	G. Amontons	アモントン	1663-1705	水銀柱型気圧計の工夫
	1700	J. Bernoulli	ヨハン・ベルヌーイ	1667-1748	水銀柱型気圧計の工夫
18世紀	1702	G. Amontons	アモントン	1663-1705	空気温度計(体積膨張の利用)．圧力変化を利用した温度計の試作
	1703	F. Hauksbee	ホークスビー	1666-1713	真空ポンプ．真空中の水銀蒸気の放電発光実験(1709)
	1711	T. Newcomen	ニューコメン	1664-1729	蒸気機関ポンプ
	1717	I. Newton	ニュートン	1643-1727	"光学"(硫酸の微粒子と水の微粒子との間には，強い力が働いているように思える)
	1738	D. Bernoulli	ダニエル・ベルヌーイ	1700-1782	"Hydrodynamik"（気体の圧力は，分子が壁に衝突して生ずる力である．分子は全く勝手にあらゆる方向に飛び交っている）
	1765	J. Watt	ワット	1736-1819	復水型蒸気機関
	1777	A. Lavoisier	ラボアジェ	1743-1794	質量保存の法則（燃焼は酸素と結びつくことだ）
	1781	C. Coulomb	クーロン	1736-1806	静電気の法則(荷電粒子間の力)
	1791	J. A. De Luc	ド・ルック	1727-1817	気圧計の発展をまとめる
19世紀	1802	J. Gay-Lussac	ゲイ・リュサック	1778-1850	体積と温度は比例する： V/T=一定（圧力一定の下で）
	1802	J. Dalton	ドルトン	1766-1844	倍数比例の法則
	1811	A. Avogadro	アヴォガドロ	1776-1856	仮説：物質量は気体の体積と圧力に比例し温度に反比例する．モルの概念の導入（$v=pV/RT$）
	1820	A-M. Ampère	アンペール	1775-1836	電流のつくる磁場の法則
	1827	G. Ohm	オーム	1789-1854	電気抵抗の法則
	1831	M. Faraday	ファラデー	1791-1867	電磁誘導の法則

付表1. 年表

世紀	年	名前	(よみ)	生誕-没	概要
	1845	J. J. Waterston	ウォーターストン	1811-1883	ベルヌーイ理論の再認識（a gas may be likened to the familiar appearance of a swarm of gnats in a sunbeam）
	1846	T. Graham	グラハム	1805-1869	気体の拡散の実験（分子の運動する速度は,重いほど遅い）
	1848	J. Joule	ジュール	1818-1889	ベルヌーイ理論の再認識.熱の仕事等量.ドルトンが家庭教師
	1855	H. Geissler / J. Plücker	ガイスラー プリュッカー	1814-1879 1801-1868	水銀ピストン・ポンプ（ガイスラー・ポンプ）の発明
	1856	W. Rankine	ランキン	1820-1872	ベルヌーイ理論の再認識と熱力学.熱素説の否定,エネルギーの概念と用語.絶対温度（ランキン温度）
	1857	R. Clausius	クラウジウス	1822-1888	ベルヌーイ理論の再認識と熱力学.エントロピーの概念
	1857	H. Geissler	ガイスラー	1814-1879	真空放電管（ガイスラー管）
	1857	J. Maxwell	マクスウェル	1831-1879	気体分子運動論の完成.なお,電磁気学におけるマクスウェルの方程式を導いたのは1864年
		L. Boltzmann	ボルツマン	1844-1906	統計力学と原子論（それでも分子は動いている）
	1858	S. Cannizzaro	カニッザーロ	1826-1910	元素の重さ(原子量)を精密に算出
	1862	A. Töpler	テプラー	1836-1912	水銀ピストン・ポンプ
	1865	H. Sprengel	スプレンゲル	1834-1906	水銀ピストン・ポンプ(落下型)
	1870	R. Bunsen	ブンゼン	1811-1899	アスピレータ(水流)ポンプ
	1874	H. G. McLeod	マクラウド		水銀液差型マクラウド真空計
	1878	J. Swan	スワン	1828-1914	白熱電球
	1879	T. Edison	エジソン	1847-1931	白熱電球
	1885	H. Herz	ヘルツ	1857-1894	光電効果の実験.なお,マクスウェルの電磁波説の実証は1888年
	1887	W. Crookes	クルックス	1832-1919	クルックス管を用いた陰極線の作る影の実験
	1895	W. Röntgen	レントゲン	1845-1923	X線の発見
	1897	J. J. Thomson	トムソン	1856-1940	電子の発見

付表1. 年表

世紀	年	名前	(よみ)	生誕−没	概要
20世紀	1901	M. Planck	プランク	1858-1947	量子力学
	1904	J. A. Fleming	フレミング	1849-1945	2極管の発明
	1905	W. Gaede	ゲーデ	1878-1945	回転水銀ポンプ
	1906	L. De Forest	ド・フォレ	1873-1961	3極管の発明
	1906	M. Pirani	ピラニ		熱伝導型ピラニ真空計
	1908	W. Gaede	ゲーデ	1878-1945	油回転ポンプ
	1908	J. B. Perrin	ペラン	1870-1942	アボガドロ数の実測
	1908	島津製作所			複式気筒オイル・エアー・ポンプの国産化
	1911	W. Gaede	ゲーデ	1878-1945	分子ドラッグ・ポンプ
	1911	E. Rutherford	ラザフォード	1871-1937	原子核の発見
	1913	W. Gaede	ゲーデ	1878-1945	水銀拡散ポンプの発明
	1916	I. Langmuir	ラングミュア	1881-1957	水銀拡散ポンプの改良
	1917	H. Barkhausen	バルクハウゼン	1881-1956	バルクハウゼン−クルツ発振の発見
	1921	A. Hull	ハル	1880-1966	マグネトロン発振管
	1931	R. Van de Graaf	バン・デ・グラフ	1901-1967	静電高電圧発生器
	1932	J. Cockcroft / E. Walton	コッククロフト ウォルトン	1897-1967 1903-1995	原子核変換
	1935	K. C. Hickman	ヒックマン		分溜型油拡散ポンプ
	1937	R. and S. Varian	バリアン兄弟	1898-1959 1901-1961	クライストロンの発明
	1938	W. Schottky	ショットキー	1886-1976	ショットキー・ダイオードの発見（半導体空乏層）
	1948	W. Shockley	ショックレー	1910-1989	接合型トランジスタの発明
	1950	R. T. Bayard / D. Alpert	ベアード アルパート		ベアード-アルパート電離真空計の発明
	1951	SAES	サエス社 (伊)		ゲッター用金属の開発
	1957	Varian Associates	バリアン社 (米)		Vacion Pump（スパッタ・イオン・ポンプ）発明
	1971	大阪真空機器製作所			国産発のターボ分子ポンプ

生没年が不明な場合は空欄とした．

付表2. 圧力単位換算表

圧力の国際単位はパスカル Pa ($N \cdot m^{-2}$) であるが,本書では1900年頃からの論文に触れているので,その時々に常用されていた単位を使って話をすすめている.

	Pa	μbar	Torr (mmHg)	atm
1 Pa ($N \cdot m^{-2}$)	1	10	7.501×10^{-3}	9.869×10^{-6}
1 μbar (dyne $\cdot cm^{-2}$)	0.1	1	7.501×10^{-4}	9.869×10^{-7}
1 Torr (mmHg)	1.333×10^{2}	1.333×10^{3}	1	1.316×10^{-3}
1 atm	1.0133×10^{5}	1.0133×10^{6}	760	1

初出一覧

1. 真空技術発展の軌跡　　書き下ろし
   コラム　テプラー・ポンプの使い方　　書き下ろし
2. クヌーセンとスモルコフスキー　　「真空」Vol.49〔8〕（2006）493-496
3. 1919年の真空計の論文を読む　　「真空」Vol.43〔1〕（2000）54-56
4. ブリアース効果を知っていますか？　「真空」Vol.43〔4〕（2000）539-542
5. 真空装置の中の水に気付いたのは誰か？　「真空」Vol.43〔8〕（2000）824-827
   　　　　　　　　　　　　　　　　　　　「真空」Vol.43〔10〕（2000）998-1001
6. 電離真空計の発振現象の検討　　「真空」Vol.43〔12〕（2000）1134-1136
7. バルクハウゼン-クルツ発振管見学記　「真空」Vol.44〔4〕（2001）462-465
8. 電離真空計の残留電流と逆X線効果　「真空」Vol.44〔9〕（2001）837-841
9. 真空ポンプの排気速度測定とテスト・ドーム　「真空」Vol.45〔6〕（2002）541-544
10. 昇温脱離法スタートの頃　　「真空」Vol.45〔10〕（2002）754-756
11. ピラニ真空計を高真空で使う　　「真空」Vol.46〔8〕（2003）642-645
12. ガラス細工の周辺　　「真空」Vol.46〔11〕（2003）803-807
13. 真空の教科書－私の1950年代　「真空」Vol.47〔10〕（2004）767-770
14. CERNとジュネーブの気圧計　　「真空」Vol.42〔2〕（1999）104-106
    コラム　「アンペールの家」見学記　「電学論A」Vol.119〔5〕699, 同〔6〕907,
    　　　　　　　　　　　　　　　　同〔7〕1072, 同〔8/9〕1170（1999）

（本書にまとめるにあたっては，大幅に加筆修正しました．）

人名索引

ア行

アヴォガドロ（A. Avogadro） 3
アストン（F. W. Aston） 17, 64
アーノルド（H. D. F. Arnold） 9
アプカー（L. R. Apker） 105
アリストテレス（Aristoteles） 1, 2
アルパート（D. Alpert） 16, 21, 70, 72, 127
アモントン（G. Amontons） 152
アラゴー（D. F. Arago） 157
アンペール（A-M. Ampère） 155, 156
伊藤庸二 78
岩永賢三 138
ヴィヴィアーニ（V. Viviani） 2
ウェーケリング（R.K.Wakerling） 140
ウェルチ（K.M.Welch） 143
エーリック（G.Ehrlich） 73, 106, 107
エジソン（T. Edison） 9
エスペ（W. Espe） 141
エルステッド（H. Oersted） 157
エンペドクレス（Empedocles） 1

カ行

ガイスラー（J. H.W.Geissler） 5, 6, 25, 58
ガスリー（A. Guthrie） 140
カーター（G. Carter） 108, 109
ガーマー（L. H. Germer） 10, 19, 73, 109
ガリレオ（G. Galilei） 2
金文澤 130
クヌーセン（M. Knudsen） 31
クノール（M. Knoll） 141
熊谷寛夫 135, 138
クラウジウス（R. Clausius） 4
クラウジング（P. Clausing） 31, 54
クルツ（K. Kurz） 78
クルックス（W. Crookes） 7, 60, 61
クロフォード（W. W. Crawford） 13
クンスマン（C. H. Kunsman） 10
ゲイ・リュサック（Gay-Lussac） 3
ゲーデ（W. Gaede） 5, 11
ケナード（E. H. Kennard） 89
ゲーリケ（O. von Guericke） 5
コーネルセン（E. V. Kornelsen） 136
コール（W. H. Kohl） 133, 140
ゴルトシュタイン（E. Goldstein） 7

サ行

柴田英夫 123, 138
ジュール（J. Joule） 4
鈴木桃太郎 122, 137
ストロング（J. Strong） 49, 135, 137
スプレンゲル（H. J. P. Sprengel） 7, 60, 125
スモルコフスキー（M. Smolchowski） 31, 34
宗正路 14, 41, 42

タ行

ダヴィッソン（C. J. Davisson） 10, 19, 109
ダッシュマン（S. Dushman） 41-43, 62, 74, 96, 139
ターレス（Thales） 1
チェレプニン（N. V. Cherepnin） 143
デイトン（B. B. Dayton） 97, 96, 99, 100, 102, 139
テプラー（A. J. Töpler） 7, 25, 58
デモクリトス（Demokritos） 1
デンプスター（A. J. Dempster） 17, 64
ド・フォレ（L. de Forest） 9
ド・ブロイ（L. de Broglie） 10
富永五郎 54, 129
トムソン（G. P. Thomson） 11, 109
トムソン（J. J. Thomson） 5, 7, 8, 17, 60, 64
ド・ラ・リーヴ（De La Rive） 157
トリチェリ（E. Torricelli） 2, 25, 151
ド・ルック（J. A. De Luc） 149

ドルトン（J. Dalton）3

ハ行

バイアー（O. von Baeyer）43
パスカル（B. Pascal）2, 149, 151
バーチ（C. R. Burch）14, 43, 48, 95,
バックリー（O. E. Buckley）14, 43
パートリッジ（J. H. Partridge）141
林主税 54
バリアン兄弟（R. and S. Varian）82
ハル（A. Hull）82
バルクハウゼン（H. Barkhausen）78
ハレー（E. Halley）149
久武和夫 52, 53
ピーターマン（L. A. Pérterman）106
ヒックマン（K. C. D. Hickman）15, 49
ヒットルフ（J. W. Hittorf）7
ヒューバー（W. K. Huber）110
ピラニ（M. Pirani）44, 13, 112
ファラデー（M. Faraday）6, 57, 81, 159
フォーゲ（W. Voege）13
フック（R. Hooke）2, 151, 152
ブリアース（J. Blears）18, 49, 50, 52, 64
プリュッカー（J. Plücker）6, 25, 58
プレゼント（D.R.Present）136
フレミング（J. A. Fleming）9
ベアード（R. T. Bayard）16, 70
ヘーファー（R.A.Haefer）52, 53, 143
ペラン（J. B. Perrin）4
ベルヌーイ, ダニエル（Daniel Bernoulli）4
ベルヌーイ, ヨハン（Johann Bernoulli）152
ヘンゲフォス（J. Hengevoss）52, 53, 110
ホー（T. L. Ho）95
ホイヘンス（C. Huygens）2, 151
ボイル（R. Boyle）3, 151
ホークスビー（F. Hauksbee）5, 29, 57, 155
ホッグ（J. H. Hogg）13
ホブソン（J. P.Hobson）89, 92
堀越源一 52, 53
ボルタ（A. Volta）157
ボルツマン（L. Boltzmann）4
ボルン（M. Born）10

マ行

マクスウェル（J. C. Maxwell）4, 136
宮原昭 52, 53
ミラー（A. R. Miller）118
村上義夫 110

ヤ行

山田和郎 138
ユービッシュ（H. von Ubish）114

ラ行

ラザフォード（E. Rutherford）5
ラファティー（J. M. Lafferty）42, 139
ラプラス（P. S. Laplace）149
ラボアジェ（A. Lavoisier）3
ランキン（W. Rankine）4
ラングミュア（I. Langmuir）9, 12, 13, 41, 62
リディフォード（L. Riddiford）52
リード（A. Reid）11, 109
レック（J. H. Leck）117, 143
レッドヘッド（P. A. Redhead）20, 73, 89-92, 105, 109, 110, 140
レーブ（L. B. Loeb）136
レントゲン（W. C. Röntgen）8, 60
ロウ（J. A. Law）106
ローレンス（E. Lawrence）16

事項索引

ア行

ISO 100
アヴォガドロ数 4
足踏みふいご 124
圧力差 33, 115
圧力測定 21
圧力の基礎方程式 4
圧力バースト 105
圧力分布 31, 35, 38
圧力変動 115
アトモン（元素）1
アノード 81
アピエゾン（Apiezon）48, 51, 52, 64
油回転ポンプ 62, 11, 138
油拡散ポンプ 14, 16, 48, 49, 50, 62, 64, 95, 123, 137, 138
油蒸気の分解生成物 65
油蒸気の噴流 96, 123
油分子 53-55, 129
アルケー（原素）1
アルミニウム 20
アンペールの定理 158
ESD（Electron Stimulated Desorption）20, 22, 85, 88
イオン源 21, 22
イオン・コレクタ 85
イオン電流 43, 52, 73, 87, 91
イオン反射電極 89
異種金属の接合 116
イーストマン・コダック社 49
一酸化炭素 67, 106, 108, 117
陰極（電子源、フィラメント）6, 43, 51, 71, 76
陰極線 7, 8
陰極と気体との反応 73
ウェスティングハウス社 72
宇宙空間擬似装置 6
運動量変化 33
エキストラクタ真空計 20, 22, 86, 89
エジソン効果 9
X線の発見 8
エネルギー分析器 22, 88
m/z 17, 18, 63, 64, 66
円形導管 32
円筒形の噴き出し 13
欧州原子核研究機構（CERN）145
置きつぎ 125, 126, 130
オクトイルS（Octoil S）54, 67
オービトロン真空計 87
温度制御脱離 108, 110

カ行

ガイスラー管 6, 115, 131
ガイスラー・ポンプ 6, 45, 58, 59
回転翼型油回転真空ポンプ 11
化学吸着 19, 110
拡散係数 34
拡散方程式 34
拡散ポンプ 11, 12
拡散ポンプ油の熱分解 67
拡散ポンプ作動液の油分子 53-55
拡散ポンプの作動液 15, 48, 52, 67, 95
隔膜真空計 115
核融合研究装置 6
笠形ノズル 13
笠形の噴き出し 13
ガス・バーナー 44, 61, 121, 122, 131
ガス・バラストの原理 11
加速器 5, 9, 19, 95, 145
可動接触子 159
カナダ国立研究協議会 89
加熱脱ガス 21, 51, 53, 57, 66, 67, 72
ガラス 81

事項索引

ガラス管 3, 151, 152
ガラス細工 120-133
ガラス製固定バーナー 121, 122
ガラス製真空装置 118, 126
ガラス製真空管 82
ガラス製水銀拡散ポンプ 13
ガラス製水銀ピストン・ポンプ 25
ガラス製測定球 10
ガラス製分溜型油拡散ポンプ 125
ガラスと金属の接着 132
簡易晴雨計 152
管球型真空計 51, 53
管球型真空計の導管 53, 55
過酸化水素 123
乾燥剤 17, 46, 60, 61
感度係数 43, 44, 62, 63, 73, 87, 89, 94
気圧計 2, 149
機械的圧力による接触 116
擬似イオン電流 22, 86
気相の分子密度 104
気体吸収作用 73
気体定数 3
気体導入口 97
気体導入方向 98
気体の圧力 3, 4
気体の逆拡散 123
気体の吸着・脱離 117
気体の種類（分子量） 117
気体の性質 3, 137
気体の流れ 41, 139
気体の熱伝導 44
気体の輸送 59
気体分子運動論 4, 5, 41, 46, 105, 136, 138, 139
気体分子と固体との相互作用 139
気体分子と固体表面とのエネルギー交換 113
気体分子の入射頻度 11, 100, 136
気体放出 139
気体流入速度 97

気体量 117
絹巻き銅線 80
逆X線効果 91, 92
吸気口（ポンプの） 96, 99, 100
急速排気 68
吸着 19, 53, 106, 110, 118, 139
吸着エネルギー 148
吸着確率 54, 104
吸着のポテンシャル・エネルギー曲線 118
吸着平衡 39
吸着水分子の脱離 63
吸着水分子の置換脱離 67
吸着量 104, 108
凝縮係数 104
凝縮ポンプ 13
極高真空 20-22, 57, 73, 89
極高真空用電離真空計 20
極低温 148
金属製固定バーナー 122
金属性縦型ポンプ 15
金属製超高真空装置 133
金属製ハンド・バーナー 122
金属製容器の材料 21
金属表面の二次電子放出 10
銀ろう 13, 49, 116
空間電荷効果 82
空間電子分布 83
クヌーセン真空計 44, 104
組立式送信管 48, 49
クライオポンプ 19, 99
クライストロン 74, 82, 84
グランビル-フィリップ社 127
グリース 48
グリースレス・コック 52, 126-129
グリッド 22, 74, 81, 85
グリッド形集電子電極 71
グロー放電 6
ゲーデ型油回転ポンプ 11
ゲーデの水銀拡散ポンプ 5
ゲッター 9, 117

ゲッター・ポンプ 19
原子核の発見 5
原子核物理学 6
原子的清浄表面 73
原子物理学 6, 57
検流計 114
コイル 158, 159
高エネルギー粒子加速器 9
高温フィラメント 68
硬質ガラス（鉛硼珪酸ガラス）121, 125
高周波加熱 128
高周波電子管 82
高真空ポンプ 95
校正曲線 115
光電子 86, 92, 93, 105, 148
㈱光電製作所 78
高度計 149
高融点金属 62
五酸化燐 17, 46, 60-62
コーニング社 125
コンダクタンス 31, 52, 96
コンダクタンスの式の導出 136
コンダクタンス法 117

サ行

サイクロトロン 16, 95
サイフォン 29, 151
作動液（拡散ポンプ）14, 15, 16, 43, 48, 49, 53, 54, 64, 67, 95
作動液の油分子 55
サプレッサ真空計 86
三極管型電離真空計 71, 74, 89
三極真空管（三極管）9, 82
酸素 118
残留気体 83
残留気体と排気過程 64, 17
残留気体分析 18
仕事関数 105
自己無撞着な解 40
JIS 規格 99, 100

実効的平均自由行程 34
湿度計 149
質の良い真空 11, 19
実用表面 68
質量スペクトル 66
質量／電荷比 17, 18, 63, 64, 66
質量分析計（分析器）9, 17, 18, 62, 64
質量保存の法則 3
磁場偏向型質量分析計 64
集イオン電極 43, 73-75, 82, 85, 86, 88, 92
集イオン電極電流の負電流 76
集イオン電極の残留電流 92, 93
集イオン電極の負電位 75
集電子電極 10, 22, 43, 74, 76, 82, 85, 86, 88-90
自由分子熱伝導 113, 115
ジュネーブ科学史博物館 149
シュルツ - ヘルプス型電離真空計 71
昇温速度 109
昇温脱離スペクトル 108-110
昇温脱離法 104-110
蒸溜器 49
初期運動エネルギー 88
初期排気過程 66
真空夏季大学テキスト（日本真空協会）144
真空管 9
真空計 41, 137-139
真空計管球内壁の帯電現象 73
真空計導管の口 97
真空計のポンプ作用 52
真空装置の排気の時定数 106, 109
「真空」の概念 1
真空の質 11, 17, 19
真空排気 25
真空放電 5, 6, 57, 58, 61
真空放電の色 61
真空ポンプ 6, 41, 57, 137, 139
真空ポンプの排気速度測定法 99
真空容器内壁 21, 91
真ちゅう 49

水銀　25, 28, 57, 59, 95, 132
水銀拡散ポンプ　5, 13, 14, 43, 46, 64, 95, 106, 118, 132, 137
水銀カット・オフ　45, 118
水銀蒸気　12, 13
水銀溜め　6, 7, 25, 28, 45, 59, 60, 151, 159
水銀柱　3, 149
水銀柱気圧計　148
水銀ピストン・ポンプ　5, 6, 7, 17, 58
水銀ブースタ・ポンプ　132
水銀を使う真空計　132
水蒸気　17, 61-64, 66-68
水蒸気サイクル　62
水蒸気に対する排気速度　62
水蒸気の排気　57, 68
水蒸気分圧　57
水素　65, 117, 118, 148
水素と窒素の混合気体　128
水素炉による高温加熱　10
水力直径　34
ステンレス鋼　20, 147
スパッタ・イオン・ポンプ　5, 19, 21
スピード・ファクター　95
スピニング・ロータ真空計　13, 115
スプレンゲル・ポンプ　7-9, 60
清浄表面　19
静電遮蔽　161
静電誘導　162
整流子　160
石英ガラス製ハンド・バーナー　120, 121
赤燐　9
絶対真空計　115
ゼネラル・エレクトリック社　41, 42, 139
全金属製バルブ　16, 72
ソープション・ポンプ　19
速度変調（走行電子の）　84
阻止電位型分析器　22
素粒子物理学　6, 145

タ行

大気圧　2
大気圧からの排気　29
体積流量　31
大排気速度の排気系　16
滞留時間　17, 19, 54
多孔質　32
脱ガス　9, 44, 90
脱離　148
脱離の活性化エネルギー　54, 104, 108-110
脱離反応の次数　109
脱離分子の方向分布　110
ターボ分子ポンプ　19
ダミー管　113
タングステン　106, 107, 110, 113, 116
タングステン・フィラメント　42, 67, 89, 105, 106, 116, 118
単結晶試料　110
弾性散乱電子　10
断面積　151
遅延時間　54, 55
置換脱離の現象　67
チタン　21
チタン板電極　19
窒素　54, 106, 118
窒素の脱離曲線　106
チップオフ　82
超高真空　17, 20, 21, 57, 70-73, 85, 89, 105
超高真空測定　70
超流動ヘリウム　146
直流増幅器　114
通過確率　31
低圧気体の熱伝導　112
定温度法　113
低蒸気圧の油　14, 15, 48, 49, 95
低速電子線回折　19
低速電子線回折装置　19, 73
定電圧法　113, 115
定電流法　113, 115
低密度気体の性質　136

事項索引　　　　　　　　　　　　　　　　175

ディドロ・ダランベールの百科全書　156
テスト・ドーム　95-100
テプラー・ポンプ　7, 8, 17, 25, 45, 58, 59, 60, 120
デュメット線　44
電位分布　83
電界放射電子顕微鏡　109
電荷／質量の比　8
電気的接触　115
電気の博物館　156
電球用タングステン・コイル　113
電極の構造と電位　71
電子管　5, 6, 9, 72
電子管材料　117
電子源　10
電子顕微鏡　9
電子刺激脱離（ESD）　20, 22, 85, 88
電子集群現象　82
電子衝撃による脱ガス　90
電子線の回折現象　10
電子走行距離　82
電子走行時間　83
電子電流　43, 75, 76
電子の発見　5, 7
電子の波動性　10, 11
電磁誘導　160
電離真空計　13, 14, 21, 42-44, 50, 51, 62, 73, 78, 104, 117
電離真空計の残留電流　86-88, 92
電離真空計の低圧側測定限界　16, 71, 104
電離真空計の発振現象　70, 85
銅　49, 116
同位体　17
透過電子線の回折現象　11, 109
導管　31
導管内壁　33
東京芝浦電気株式会社マツダ研究所　124
東京大学生産技術研究所　120, 129, 130
東京電気株式会社　42
到達圧力　17, 50, 52, 60, 66

到達圧力の改善　61
トラップ　46, 67
トリチェリの真空　2, 5, 6, 25, 28, 29, 58, 149

ナ行

長い円管のコンダクタンス　138
鉛　82
軟X線効果　16, 22, 71, 85-88, 91, 105
軟質ガラス　45, 124
二極真空管（二極管）　9, 79
二酸化炭素　117, 148
二次電子放出　73, 148
ニーセンーベッセル-ハーゲン型テプラー・ポンプ　60
ニッケル　113, 116
入射頻度　31
入射分子数　40
ネオン　17, 54
熱適応係数　113
熱的適応係数　105, 113-115, 117
熱電子源　43
熱電子放射　9, 105
熱伝導真空計　13
熱伝導率（空気の）　46
粘性真空計　13, 44
ノネックス・ガラス　125, 130
ノーマル・ゲージ　51

ハ行

排気（真空容器の）　54
排気機構　19
排気系の大形化　11
排気時間の短縮　21
排気速度　7, 14, 49, 60, 63, 95-98
排気速度測定　95, 98, 99
排気中の高温加熱　10
排気の時定数　17, 57, 63, 109,
ハイスピード・ゲージ　51
倍数比例の法則　4
白熱球の量産　25

事項索引

白熱タングステン・フィラメント 51, 62, 73, 117
白熱電球 5, 6, 9
裸真空計 51, 53, 91, 93
白金 113
白金線 44, 46
発振器 9
発振現象 73, 76, 82
発振周波数 82
発振の周期 83
ハーメチック・シール 80
バリアン社 5
バルクハウゼン - クルツ発振 74, 76, 78, 83
バルクハウゼン - クルツ発振管 78-84
反射電子線の回折 109
ハンダ付け 116
半導体 5
ハンド・バーナー 51, 121, 122, 130
B-A 真空計 16-18, 70-73, 75, 76, 85-87, 89, 91, 105
光刺激脱離 148
ピストン型真空ポンプ 154
ピストン・ポンプ 5, 57
ヒックマン・ポンプ 14-16, 49, 72, 125, 130-132
ビーム効果 96
ビーム状 99
ビーム・パイプ 147
標準真空計 45
表面現象 105
表面処理 22
表面での気体の反応と置換 67
表面の研究 18, 117
表面の清浄化 11
表面不均一性の影響 109
表面物理学 6, 10, 11, 20, 22, 70
ピラニ真空計 13, 14, 44, 112-119
ピンチコック 121
ファラデー暗部 6
ファラデー・ケージ 161

ファラデーの円筒 161
ファラデーのモスリン網 161
フィラメント 80, 82
フィラメント電流 43
フィラメントの表面状態 115
フィネマ型液体窒素冷却トラップ 132
フォーゲル型電離真空計 71
フォーミング・ガス 72, 128
輻射熱 128
副標準電離真空計（VS-1A）71, 74
ブースタ・ポンプ 130
付着確率 104
フッ化水素 67
フッ化物蒸気 67
物質波 10
物理吸着 19, 54, 110
負電流の発生 74, 75
フラグメント・イオン 64
フラッシュ（急速昇温）105
フラッシュ・フィラメント法 106, 109
ブリアース効果 48-54
分子条件 136
分子蒸溜 14, 43, 48, 95
分子ドラッグ・ポンプ 11
分子密度 33
分子流 31, 54
分子流のモンテカルロ計算 99
噴流（ジェット）96, 123
分溜型油拡散ポンプ 16, 49, 125
分溜型ポンプ 15
ベアード・アルパート型電離真空計（B-A 真空計）16-18, 70-73, 75, 76, 85-87, 89, 91, 105
平均自由行程 34
平均速度 32
平均滞留時間 17, 54
米国真空協会 50, 99
ベル研究所 10
変調器 9
変調係数 88, 90

変調電極 87-90
変調電極付き B-A 真空計 88-93
ホーの係数 95, 99
ホイートストン・ブリッジ 113
ボイルのJ管 3
ボイルの法則 27, 28, 152
硼化処理 45
放出ゆらぎ 83
放電現象 6, 57
飽和吸着量 148
飽和蒸気圧 50
補償用管球 113
補正係数 37
ボルツマン定数 4, 32
ポンプの構造材料 49

マ行

マイクロ波 84
マグデブルグの半球の実験 5
マグネトロン 82
マクラウド真空計 43, 45, 59, 115, 118
右ネジの法則 157
水サイクル 62
水分子 54
水分子の脱離 21, 63
無酸素銅 148
メトロポリタン・ビッカース社 48, 49
モータ 159
モリブデン 128
モンテカルロ法 100

ヤ行

有機物蒸気 66
有機物蒸気の分圧 65, 66
有機物分子とそのフラグメント・イオン 64-66
U字管真空計 115
陽イオン 17
容器内壁表面の光電子放出効率 93
陽子 146

溶接 13
余弦（法）則 31, 34, 35, 39, 96, 99
四極子型質量分析計 18

ラ行

ライボルト社 11
ラウールの法則 53
ラップス・ポンプ 8, 60
ラバール管形 13
リーク・バルブ 52
理想気体の状態方程式 3
立体角 39
硫酸 17, 60
流速 33
流量 3, 31, 36, 38
流量調節 121
量子力学 10
燐光 8
冷却トラップ 13, 43, 49, 50, 53, 62, 67, 129, 132
零点法 114
連続流体 34
ローレンツ力 159

辻　泰（つじ　ゆたか）
1928年　東京に生まれる
1950年　東京大学第二工学部物理工学科 卒業
1952年　東京芝浦電気株式会社 入社
1965年　東京大学生産技術研究所 助教授
1971年　同上　教授
1988年　同上　定年退官（東京大学名誉教授）
1988年　株式会社 アルバック・コーポレートセンター 取締役（1998年まで）
元　日本真空協会 会長

齊藤　芳男（さいとう　よしお）
1951年　山梨県に生まれる
1979年　東京大学大学院工学系研究科物理工学専攻修了（工学博士）
1979年　東京大学工学部助手
1980年　高エネルギー物理学研究所助手
1989年　同助教授
2003年から高エネルギー加速器研究機構教授，現在に至る
日本真空協会 常務理事

真空技術発展の途を探る
しんくう　ぎじゅつ　はってん　　みち　さぐ

2008年 4月30日　初版第1刷発行

著　　者	辻　泰・齊藤　芳男 ⓒ
	つじ　ゆたか　さいとう　よしお
発 行 者	青木　豊松
発 行 所	株式会社 アグネ技術センター
	〒107-0062 東京都港区南青山5-1-25 北村ビル
	TEL 03 (3409) 5329 / FAX 03 (3409) 8237
印刷・製本	株式会社 平河工業社

Printed in Japan, 2008

落丁本・乱丁本はお取り替えいたします。
定価の表示は表紙カバーにしてあります。

ISBN978-4-901496-41-4 C3053